XII. Band. **Bau und Leben der Pflanzen.** Von Dr. **O. W. Thomé** in Cöln. 21 Bogen Text mit 70 Holzschnitten.

XIII. Band. **Die Mechanik des menschlichen Körpers.** Von Prof. Dr. **Kollmann** in München. 20 Bgn. Text mit 60 Holzschn.

XIV. Band. **Das Mikroskop und seine Anwendung.** Von Prof. Dr. **Fr. Merkel** in Rostock. 20 Bogen Text mit 132 Holzschn.

XV. Band. **Das Spektrum und die Spektralanalyse.** Von Dr. **P. Zech,** Prof. der Physik am Polytechnikum in Stuttgart. 15 Bogen Text mit 33 Holzschnitten und einer Tafel.

XVI. Band. **Darwinismus und Thierproduktion.** Von Prof. Dr. **C. E. R. Hartmann.** 19 Bgn. Text mit 46 Holzschnitten.

XVII. Band. **Fels und Erdboden.** Von Hofrath, Prof. Dr. **Ferdinand Senft.** 26 Bogen. Text mit 17 Holzschnitten.

XVIII. Band. **Gesundheitslehre des menschlichen Körpers.** Von Dr. **P. Niemeyer** in Leipzig. 19 Bogen Text mit 31 Holzschn.

XIX. Band. **Die Ernährung des Menschen.** Von Dr. **Johannes Ranke** in München. 26 Bogen Text und eine Photographie von J. v. Liebig.

XX. Band. **Die Naturkräfte in ihrer Anwendung auf die Landwirthschaft.** Von Dr. **v. Hamm,** Ministerialrath in Wien. 22 Bogen Text mit 64 Holzschnitten.

XXI. Band. **Organismus der Insekten.** Von Professor Dr. **V. Graber** in Czernowitz. 26 Bogen Text mit 200 Holzschn.

XXII. Band. (Doppelband.) **Leben der Insekten.** Von Prof. Dr. **V. Graber** in Czernowitz. I. Hälfte.

XXIII. Band. **Gesetzmäßigkeit im Gesellschaftsleben.** Von Ministerialrath, Prof. Dr. **G. Mayr** in München.

XXIV. Band. **Die Naturkräfte in den Alpen.** Von Prof. Dr. **Fr. Pfaff** in Erlangen.

XXV. Band. **Erhaltung der Energie.** Von Dr. **Krebs** in Frankfurt.

Unter der Presse befindet sich und wird demnächst erscheinen:

XXII. Band. (Doppelband.) **Leben der Insekten.** Von Prof. Dr. **V. Graber** in Czernowitz. II. Hälfte.

In Vorbereitung befinden sich folgende Bände:

Bollinger, Prof. Dr. in München. **Die Ursachen der Epidemien.**

Brefeld, Privatdocent Dr. in Berlin. **Bacterien und Pilze.**

Gudden, Prof. Dr. in München. **Physiologie des Gehirns und der Nerven.**

Heller, Prof. Dr. in Kiel. **Die Parasiten.**

Jäger, Prof. Dr. G. in Stuttgart. **Die menschliche Arbeitskraft.**

Immermann, Prof. Dr. in Basel. **Gesundheit und Krankheit.**

Lorenz, Dr., Ministerialrath in Wien. **Der Wald, der Boden und das Klima.**

Ranke, Prof. Dr. Joh. in München. **Das Blut.**

Naturkräfte.

Fünfundzwanzigster Band.

Die

Erhaltung der Energie

als

Grundlage der neueren Physik.

Von

Dr. G. Krebs

in Frankfurt a M.

München.

Druck und Verlag von R. Oldenbourg.

1877.

Inhaltsverzeichniß.

I. Die Veränderungen in der Natur.

„Alles fließt — Alles ist in ewigem Wechsel, in unaufhörlicher Veränderung begriffen; es gibt keinen Körper, welcher immer unverändert bliebe; nur das Werden ist und nicht das Sein" — so lehrte schon 500 Jahre v. Chr. der griechische Philosoph Heraklit.

Sowenig nun auch unsere heutigen Anschauungen mit denen der altgriechischen Philosophen übereinstimmen, soweit namentlich die exacte Methode der modernen Naturforschung, welche nur auf der sicheren Grundlage genau erforschter Thatsachen ihre Theorien aufbaut, von der zum Theil auf sehr naiver Betrachtung der natürlichen Erscheinungen basirenden Philosophie der Alten verschieden ist, so finden sich doch bei den griechischen Weltweisen mannichfaltige Anklänge an die heutigen, auf viel mühsamerem Wege gewonnenen Ansichten über die Natur der Dinge und über die Veränderungen, welche dieselben durch ihre Einwirkungen auf einander erleiden.

Die unaufhörliche Veränderung der Körper, welche wir selbst für diejenigen einigermaßen zugeben können, welche bei ungenauer Betrachtung unveränderlich erscheinen (Gold, Platina ꝛc.), sind wesentlich zweierlei Art, physikalische und chemische: Erhitzt man Eis, so schmilzt es zuerst, um bei weiterer Erwärmung sich in Dampf zu verwandeln; läßt man durch einen Platindraht einen galvanischen Strom gehen, so wird er heiß und ändert seine Farbe (er wird roth= oder gar weißglühend), während zugleich sein Volumen zunimmt; ein Stück Eisen wird in der Nähe eines Magneten selbst magnetisch und kann wieder andere Eisenstücke anziehen und magnetisch machen. Wenn die Sonne am Morgen über den Horizont sich erhebt, so erwärmt sie die Erdoberfläche, und da die Temperatur des Landes rascher als die des Meeres und der Flüsse steigt, so wird auch die Luft ungleichförmig erwärmt: eine lebhafte Bewegung derselben beginnt, die sich namentlich in Flußthälern und an den Küsten des Meeres bemerklich macht; zugleich tritt eine starke Verdunstung des Wassers ein; große Dampfmassen steigen theils unsichtbar, theils sichtbar (als Nebel) auf: in den höheren Theilen der Atmosphäre kühlen sich dieselben wieder ab, verdichten sich zu Wolken und stürzen als Regen, nicht selten von Donner und Blitz begleitet, herab.

Bei allen diesen Veränderungen ist der Stoff (die Materie), aus welchen die Körper bestehen, ebenso wie ihr Gewicht in den verschiedenen Zuständen genau gleich geblieben. Solche Veränderungen nennt man p h y s i k a l i s ch e. Da aber doch die Körper dabei andere Eigenschaften erlangen, so müssen jedenfalls innere Veränderungen eintreten, welche entweder auf einer anderen Gruppirung der einzelnen Theilchen, oder auf einer Aenderung des Bewegungszustandes derselben beruhen. Anders ist es mit den chemischen Veränderungen. Wenn z. B. Schwefel verbrennt, oder Eisen an feuchter Luft rostet, so entstehen ganz neue Körper (schweflige Säure und Eisenoxyd), welche nachweislich einen Stoff aus der Luft oder dem Wasser (Sauerstoff) aufgenommen haben, wie sich schon aus der Gewichtszunahme ohne Weiteres schließen läßt. Stellt man in eine Höllensteinlösung (salpetersaures Silber) einen Kupferdraht, so verschwindet derselbe nach einiger Zeit gänzlich: dabei scheidet sich Silber aus und die Flüssigkeit wird grün. Gießt man verschiedene Flüssigkeiten zusammen, so kann es vorkommen, daß ein Niederschlag entsteht; die in den Lösungen enthaltenen Körper vertauschen ihre Bestandtheile und es bilden sich neue, von denen der eine fest ist und sich aus der Flüssigkeit absetzt. Solche Veränderungen, bei welchen der Stoff und das Gewicht der Körper sich verändert, nennt man chemische.

Bei den meisten Processen, denen die Körper unterworfen sind, treten physikalische und chemische Veränderungen zugleich ein; alle chemischen Vorgänge sind von thermischen und electrischen Erscheinungen begleitet. Uebrigens gibt es auch Veränderungen, die gewöhnlich zu den chemischen gerechnet werden, die man aber auch in gewissem Sinne als physikalische betrachten könnte: Wenn ein Samenkorn unter dem Einfluß der Wärme und der Feuchtigkeit zu keimen beginnt, so bildet sich aus dem festen Stärkemehl das flüssige Stärkegummi (Dextrin) und aus diesem die Holzfaser (Cellulose), aus welcher die Zellenwände der wachsenden Pflanze zusammengesetzt sind; Stärkemehl, Dextrin und Cellulose bestehen aus vollkommen gleichen Gewichtstheilen Kohlenstoff, Wasserstoff und Sauerstoff ($C_6H_{10}O_5$) — sie sind isomer — und doch sind sie in ihren äußeren Eigenschaften sehr von einander verschieden. Es könnte dieß auf den ersten Blick verwunderlich erscheinen; allein die Sache ist doch sehr einfach zu erklären: ebenso wie es möglich ist, aus derselben Zahl von Mauersteinen, Zimmerhölzern rc. eine Schule, ein größeres, oder mehrere kleinere Wohnhäuser herzustellen, ebenso ist es denkbar, daß aus denselben Mengen Kohlenstoff, Wasserstoff und Sauerstoff sehr verschiedenartige Körper gebildet werden können; es lassen sich die einzelnen Theilchen bald nach diesem, bald nach jenem Bauplan zusammenfügen. Diese Veränderungen, welche das Stärkemehl erleidet, könnten wohl noch zu den physikalischen gerechnet werden; zugleich gehen aber auch im Innern der Pflanze wirkliche chemische Veränderungen vor sich; die Pflanze athmet durch die Blätter Kohlensäure ein und scheidet aus derselben den Sauerstoff ab, während sie den Kohlenstoff zu verschiedenen chemischen Gebilden verwendet; es entstehen, außer der Cellulose, die sich nur in der ersten Zeit aus dem Stärkemehl des Samenkorns bilden kann, allerhand Pflanzensäuren (Aepfelsäure, Citronsäure, Weinsteinsäure 2c.), sowie diverse Basen (Kaffeïn, Chinin, Nicotin, Morphin 2c.), welche nicht als solche in die Pflanze hineingekommen, sondern aus den eingesogenen Stoffen gebildet worden sind.

Ebenso wie die kleinen Naturkörper, welche sich auf und in der Erde befinden, unaufhörliche Veränderungen erleiden, ist auch unsere Erde als Ganzes nach den Ansichten der Geologen in ständiger Umbildung begriffen, wenn auch die einzelnen Perioden, welche man in der Entwicklung der Erde zu unterscheiden pflegt, sich nach Jahrtausenden bemessen und deswegen nicht so leicht und sicher unserer Forschung zugänglich sind, wie die Aenderungen bei den kleinen Naturkörpern, welche oft in wenigen Minuten vor unserem Auge sich vollziehen. Noch viel schwieriger faßbar, weil innerhalb weit größerer Zeiträume verlaufend, sind die Aenderungen, welche das Weltsystem im Großen erleidet. Hier stehen wir fast ganz auf dem Boden der blosen Vermuthung: nur wenige directe Beobachtungen, namentlich aber theoretische Schlußfolgerungen von hinlänglicher Zuverlässigkeit lassen uns annehmen, daß auch das Weltsystem nur nach einer ganzen Reihe von großartigen Processen so geworden ist, wie es jetzt ist und daß es allmälig immer weiteren Umbildungen unterliegt.

Gibt es denn aber nichts Bleibendes in dem ewigen Wechsel, ist nichts unveränderlich und unzerstörbar? Diese Frage kann nach zwei Seiten hin mit aller Bestimmtheit bejaht werden. Der berühmte Begründer der heutigen Chemie, Lavoisier, der zuerst bei seinen Untersuchungen die Wage, die seitdem das wichtigste Werkzeug der Chemie geworden ist, ständig angewandt hat, ist zu dem Schlusse gekommen, daß bei allen Veränderungen, welche mit einander in Berührung befindliche Körper erleiden, zwar das Gewicht der einzelnen Körper sich ändern könne, das Gesammtgewicht aller aber dasselbe bleibe.

Wenn man eine gewogene Menge Holz in der Luft verbrennt und den Versuch so einrichtet, daß sowohl die hinzutretende Luftmenge, wie auch die entstehenden Verbrennungsproducte (Rauch, Asche &c.) ihrem Gewichte nach bestimmt werden können, so findet sich, daß die Verbrennungsproducte zusammen genau so viel wiegen, wie das angewandte Holz und der hinzugetretene Sauerstoff. Wenn mehrere Körper in Auflösung zusammenkommen und neue Körper sich bilden, so wiegen diese zusammen ebensoviel wie die ursprünglichen, aus denen sie sich gebildet haben. Der abgestorbene und verwesende organische Körper scheint zwar allmälig zu verschwinden; allein seine Bestandtheile sind, indem sie theils unter einander, theils mit dem Sauerstoff der Luft neue (großentheils gasförmige) Körper gebildet haben, keineswegs zerstört worden, sie sind nur andere Verbindungen eingegangen, wie man mit Hilfe der Wage nachweisen kann, wenn man einen Verwesungsproceß in geschlossenen Räumen vor sich gehen läßt.

Dieses wichtige Princip von der Erhaltung der Masse hat, seitdem Lavoisier zuerst seine Begründung begonnen, in allen späteren Untersuchungen neue Bestätigungen gefunden und darf deshalb als ein Grundprincip der Naturforschung angesehen werden.

Das andere gleich wichtige Princip von der Erhaltung der Energie, welches sich nicht so leicht in wenigen

Worten erläutern läßt, ist erst später durch die Forschungen von Mayer, Joule, Helmholtz, Clausius u. A. aufgestellt und als bei allen Veränderungen in der Natur geltend nachgewiesen worden. Es ist wesentlich die Aufgabe dieser Schrift, dieses Princip nach allen Seiten hin zu beleuchten und seine Allgemeingiltigkeit bei allen Naturerscheinungen festzustellen.

II. Kraft und Masse.

Von allen Veränderungen, welche in der Natur vorkommen, sind diejenigen am leichtesten zu erfassen, welche sich auf den äußeren Bewegungszustand beziehen. Man kann die Bewegungen mit den Augen verfolgen, man kann die Richtung und Geschwindigkeit in jedem Moment feststellen und alle dabei vorkommenden Verhältnisse in mathematische Formeln bringen. Wir wollen bei diesen äußeren Bewegungen umsomehr einige Augenblicke verweilen, als sie namentlich gestatten die Umwandlung, „Umsetzung", einer Bewegung in eine beliebige andere auf das Deutlichste zu beobachten und uns dadurch einen Anhaltspunkt für die Umsetzbarkeit solcher kleinerer, im Innern der Körper vorgehender Bewegungen an die Hand geben, welche nur mit dem geistigen Auge erfaßt werden können.

Ehe wir jedoch an einigen Beispielen die Umwandlung endlicher Bewegungen darlegen können, müssen wir zunächst die Eigenschaften der Materie, welche vom Gesichtspunkt der Mechanik aus von besonderer Wichtigkeit sind, zu erforschen suchen.

Die Naturkörper haben sehr verschiedenartige Eigenschaften, sie haben eine gewisse Ausdehnung, eine bestimmte Form, Farbe 2c. und bieten insofern der Forschung mannichfaltige Seiten dar. Den Mathematiker interessirt an den Körpern lediglich die Größe und die Gestalt; den Stoff, die Materie, überläßt er zu näherer Untersuchung dem Naturforscher. Dieser wieder kann die Materie unter sehr verschiedenen Gesichtspunkten betrachten; der Physiker erforscht wesentlich diejenigen Erscheinungen, welche nicht mit inneren Veränderungen der Materie, die wesentlich dem Chemiker als Object anheimfallen, verbunden sind. Der Mechaniker endlich faßt die Naturkörper nur von dem Gesichtspunkt aus, daß sie bald in Ruhe, bald in Bewegung sich befinden können. Bleiben wir bei der letzteren Betrachtungsweise stehen, so fragt es sich, welche Eigenschaften die Materie der Veränderung ihres Bewegungsstandes gegenüber besitzt, ob sie von selbst ihren Bewegungszustand ändern kann, oder ob sie äußere Antriebe dazu nöthig hat, und wenn das Letztere richtig, ob sie dem leisesten Anstoß ohne Widerstreben folgt, oder ob sie der Aenderung ihres Bewegungszustandes einen mehr oder minder großen Widerstand entgegensetzt.

Die alten Griechen, welche alle Körper als „belebt" ansahen, welche in jedem Baum, in jeder Quelle ein geistiges Wesen, eine Gottheit erblickten, waren (mit Ausnahme einiger weniger Philosophen wie Leukipp und Demokrit) der Ansicht, daß es zweierlei Arten von Körpern gebe; den einen, den plumpen Erdkörpern sollte (nach Aristoteles) das Streben nach Ruhe eben so eigenthümlich sein, wie den aus ätherischem Feuer gebildeten Sternen das Streben nach immerwährender Bewegung.

Die gewöhnlichen Bewegungsvorgänge in der Natur scheinen diese Ansicht auf das Einfachste und Natürlichste zu bestätigen: Eine Kugel kann nur durch einen äußeren Antrieb dazu gebracht werden, den Ruhezustand zu verlassen und in Bewegung überzugehen; aber sofort macht sich, wie es scheint, ihr Streben nach Ruhe wieder bemerklich, indem sie nach dem Aufhören des äußeren Antriebs immer mehr an Geschwindigkeit verliert und wieder zur Ruhe kommt. Die Sterne dagegen bewegen sich mit gleichbleibender Geschwindigkeit ewig in denselben Bahnen. Dieser Auffassungsweise der mechanischen Erscheinungen in der Natur trat der große Begründer der heutigen Naturwissenschaft, Galilei (1564 bis 1642) entgegen.

Daß eine Kugel, wenn sie auf dem Boden läuft, bald wieder zur Ruhe kommt, rührt von den Unebenheiten desselben, resp. von der Reibung der Kugel am Boden her; ist die Unterlage sehr glatt, so läuft die Kugel außerordentlich weit. Die Sterne, nachdem sie einmal auf eine uns freilich unbekannte Weise in Bewegung gekommen, laufen, da sie keinen Widerstand erfahren, immer in der gleichen Weise fort.

Nach Galilei ist die Materie ohne alles „Bestreben“: jeder Körper verharrt einfach in dem Zustand, sei es nun Ruhe oder Bewegung, in dem er sich einmal befindet, und nur durch einen äußeren Antrieb kann der Bewegungszustand geändert werden. Dieses Princip der Trägheit oder des Beharrungsvermögens bildet die Grundlage der ganzen Mechanik; es hat sich bei allen Untersuchungen auf diesem Gebiete bewährt; man ist noch nicht auf eine einzige Thatsache gestoßen, welche sich nicht mit ihm in Uebereinstimmung hätte bringen lassen. Und doch! Können nicht die „belebten“ Wesen willkührlich ihren Ort verändern, können sie nicht aus freien Stücken aus der Ruhe in Bewegung oder aus Bewegung in Ruhe übergehen? Dieß scheint allerdings so, ist aber doch nicht an dem. Die lebenden Wesen können durch ihre sog. inneren „Kräfte“ (welchen Ausdruck wir einstweilen der Kürze halber gebrauchen wollen) allerdings die Lage ihrer Gliedmaßen gegen einander verändern, wie ja auch bei einer im Gang befindlichen Dampfmaschine die einzelnen Theile sich gegen einander verschieben können; doch aber ist eine Fortbewegung des Ganzen nur unter dem Einfluß äußerer Antriebe möglich. Betrachten wir zunächst eine Dampfmaschine, in der auch eine innere Kraft, als welche die Dampfkraft aufgefaßt werden muß, thätig ist und denken wir uns dieselbe frei aufgehängt, so bewegen sich, wenn der Dampf in die Cylinder tritt, die Kolben vorwärts; gleichzeitig aber weicht der ganze Körper der Maschine in solchem Maße zurück, daß der Mittelpunkt der Masse, der „Schwerpunkt" genau an derselben Stelle bleibt. Steht eine schwere Locomotive auf sehr glatten Schienen, so drehen sich wohl die Räder, aber eine Vorwärtsbewegung kommt nicht zu Stande: nur wenn die Reibung so groß ist, daß die Räder von den Schienen gewissermaßen festgehalten werden und nicht über dieselben weggleiten können, tritt fortschreitende Bewegung ein. Wenn ein Mensch auf spiegelglattem Eis den rechten Fuß vorsetzt, so gleitet der linke rückwärts und der Schwerpunkt des ganzen Körpers bleibt an derselben Stelle. Ist aber die Unterlage rauh, so hindert dieselbe durch die Reibung das Zurückweichen des linken Fußes und auf diese Art kann der Körper vorwärts kommen.

Es gehört also stets ein äußerer Antrieb selbst bei den „belebten" Wesen dazu, wenn eine Aenderung des Bewegungszustandes erreicht werden soll.

Die von Galilei aufgestellte Lehre vom Beharrungsvermögen der Körper fand anfangs nicht den geringsten Beifall: man war so sehr in dem System des Aristoteles befangen, daß die Gelehrten der damaligen Zeit die tiefen und fruchtbringenden Gedanken des großen Forschers verächtlich bei Seite setzten: weder die Lehre vom Beharrungsvermögen, noch die vom freien Fall der Körper, selbst nicht das neu erfundene Fernrohr fand irgend welche Beachtung. Verzweiflungsvoll schreibt Galilei an Kepler: „Du bist beinahe der Einzige, der meinen Angaben vollkommen Glauben beimißt. Als ich den Professoren zu Florenz die vier Jupiterstrabanten durch mein Fernrohr zeigen wollte, wollten sie **weder diese noch das Fernrohr sehen, sie verschlossen** ihre Augen vor dem Lichte der Wahrheit. Diese **Gattung Menschen** glaubt in der Natur sei keine Wahrheit zu finden, sondern nur in der Vergleichung der Texte (dieß sind ihre eigenen Worte)."

Da alle Körper, die organischen wie die unorganischen, ihren Zustand nicht von selbst verändern können, so sind äußere Antriebe nöthig, welche man gewöhnlich mit dem Namen „Kräfte" bezeichnet. Dabei ist zugleich vorausgesetzt, daß die Materie der Veränderung ihres Zustandes einen Widerstand entgegensetzt, denn wenn kein Widerstand vorhanden wäre, so würde schon die kleinste Kraft, der schwächste Antrieb in einem beliebig großen Körper die stärkste Bewegungsänderung hervorbringen können. Nun sehen wir aber täglich, daß die Größe der Bewegungsänderung theils von der Menge der Materie, theils von der Größe der wirkenden Kraft abhängt, resp. denselben genau proportional ist. Die Körper setzen also je nach der Menge ihres Stoffs der Aenderung ihres Bewegungszustandes einen mehr oder minder großen Widerstand entgegen; die Größe dieses Widerstandes, die Summe des Trägen an einem Körper nennt man seine M a s s e. Die Masse, die Widerstandsfähigkeit der Körper gegen eine Aenderung ihres Zustandes ist diejenige Eigenschaft an den Körpern, welche den Mechaniker vor Allem interessirt.

Die schwierigste Frage aber, welche hier beantwortet werden muß, ist die: Was ist eine „Kraft" und worin hat dieselbe ihren Ursprung. Bleiben wir zunächst bei denjenigen Kräften stehen, welche eine äußere, sichtbare Bewegung hervorbringen, so lehrt uns die Mechanik: Jede Kraft, welche an einem Körper (A) wirkt, geht von einem andern Körper

(B) aus, und mit derselben Kraft, mit welcher **A** auf **B** wirkt, wirkt **B** auf **A** zurück. Dieß ist das berühmte **Princip von der Gleichheit der Wirkung und Gegenwirkung.** Wenn man gegen eine Feder drückt, so spürt man sofort den Gegendruck; ist die Feder bis zu einem gewissen Grad zusammengepreßt worden, so wird sie, wenn nicht größere Anstrengungen gemacht werden, in diesem Zustand verharren und es ist eine logische Nothwendigkeit, daß im Gleichgewichtszustand der Druck der Hand auf die Feder gleich dem Gegendruck der Feder auf die Hand ist; drückte die Hand stärker als die Feder, so müßte letztere so lange sich zusammenpressen, bis ihr Gegendruck gleich dem Druck der Hand wäre und es würde umgekehrt die Feder sich theilweise abspannen und die Hand zurückdrängen, wenn diese einen geringeren Druck ausübte.

Aus dem Gesagten geht zunächst hervor, daß eine Kraft nichts für sich Bestehendes ist, sondern daß sie stets von irgend einem Körper ausgeht; sehr häufig jedoch ist es uns gleichgiltig zu wissen, von welchem Körper die Kraft, die an einem gegebenen Körper wirkt, ausgeht und daß noch eine gleiche und entgegengesetzte Kraft existirt, mit welcher der gegebene Körper auf den andern zurückwirkt; man sagt dann kurz, „an einem Körper wirkt eine Kraft", welche bei dieser Betrachtungsweise als **äußere Kraft** erscheint. Wenn man aber beide Körper, welche auf einander wirken, als zusammengehörig, als **ein System** ansieht und die zwei gleichen und entgegengesetzten Kräfte, welche an ihnen thätig sind, zugleich ins Auge faßt, so gelangt man zu dem Begriff der **inneren Kräfte**. Da die Kräfte gleich und entgegengesetzt sind, so können dieselben eine Aenderung des Bewegungszustandes des Systems nicht hervorbringen; das System, d. h. der Mittelpunkt oder Schwerpunkt desselben muß sich so bewegen, als ob die beiden Kräfte gar nicht vorhanden wären. Dagegen können die beiden Theile, oder überhaupt die Theile des Systems (wenn wir beliebig viele Körper annehmen, zwischen denen Wirkung und Gegenwirkung stattfindet), ihre Lage gegen einander verändern. Wir haben früher erwähnt, daß wenn eine Dampfmaschine frei aufgehängt ist und der Dampf in die Cylinder strömt, eine Bewegung der einzelnen Theile stattfindet, daß aber der Schwerpunkt des ganzen Maschinenkörpers an derselben Stelle bleibt; wir haben ferner bemerkt, daß lebende Wesen vermöge der inneren in ihnen thätigen Kräfte, wohl die Lage ihrer Gliedmaßen gegen einander, nicht aber den Schwerpunkt ihres Körpers verändern können. Wir wollen noch einige andere Beispiele anführen: die Erde zieht den in ihrer Nähe befindlichen Stein und der Stein zieht mit gleicher Stärke die Erde an; in Folge dessen bewegen Erde und Stein sich zu einander und zwar derart, daß der gemeinsame Schwerpunkt beider seinen Ort nicht verändert; die zwei Anziehungskräfte sind dabei als innere Kräfte zu fassen. Denkt man aber nur daran, daß der Stein gezogen wird, so gilt die an ihm thätige Kraft als äußere, welche eine Aenderung des Bewegungszustands des S t e i n e s unzweifelhaft bewirkt. Platzt eine Bombe in der Luft, so bewegt sich der Schwerpunkt des Systems aller Theile noch auf derselben Curve, als wenn die Bombe nicht geplatzt wäre, die Explosionskräfte sind innere Kräfte. Bewegungen in der Atmosphäre der Erde, Eruptionen in ihrem Innern können den Schwerpunkt derselben nicht aus seiner Bahn bringen, ebensowenig wie eine Katze, welche vom Dach fällt, durch beliebige Bewegung ihrer Gliedmaßen den Schwerpunkt ihres Körpers aus der Bahn zu bringen vermag, in der er sich bewegen würde, wenn die Katze sich ganz ruhig verhielte.

Indessen scheint es nicht überflüssig einige scheinbare Schwierigkeiten, welche sich hier vorfinden, zu heben. Wenn ein Pferd an einem Wagen zieht, so zieht der Wagen mit derselben Stärke zurück und es könnte sich deshalb das ganze System von Pferd und Wagen nicht von der Stelle bewegen. Dieß wäre auch in der That so, wenn nicht noch äußere Einwirkungen, die Reibung am Boden, hinzukämen. Ist die Reibung des Wagens am Boden nicht so groß wie diejenige, welche das Pferd durch Anstemmen seiner Füße gegen den Boden hervorbringen kann, so geht das System in der Richtung vorwärts, in welcher das Pferd zieht; ist die Reibung des Wagens am Boden ebensogroß oder größer als die, welche das Pferd hervorbringen kann, so tritt Stillstand ein, oder das Pferd gleitet rückwärts aus.

Das Gesagte wird hinreichen, um scheinbare Schwierigkeiten in ähnlichen Fällen heben zu können.

Wenn bei der Einwirkung der Körper auf einander stets eine directe Berührung nachgewiesen werden könnte, so wäre es nicht schwer die Einwirkungen der Körper auf einander — die Kräfte — zu begreifen. Läuft eine Billardkugel hinter einer andern, welche eine geringere Geschwindigkeit hat, her und kommen beide mit einander in Berührung, so drängt die erste die letztere vorwärts, die eine gewinnt, die andere verliert an Geschwindigkeit. Ueberhaupt, wenn zwei Körper mit einander in Berührung kommen, so wird, je nach den Richtungen, in denen sie zusammentreffen und je nach den Geschwindigkeiten und Massen, welche sie besitzen, eine Einwirkung, d. h. eine Aenderung des Bewegungszustandes erfolgen oder nicht. Das Entstehen einer Kraft wäre bei directer Berührung derselben nicht sehr schwierig im Allgemeinen zu erfassen, wenn auch in einzelnen Fällen, wie z. B. bei chemischen Einwirkungen es vorläufig noch kaum möglich ist von der Verbindung und Zersetzung der Stoffe etwa durch den Anprall der Theilchen gegen einander bis ins Einzelne sich Rechenschaft zu geben. Viel difficiler aber wird die Erklärung der Einwirkung der Körper auf einander, wenn dieselben nicht in directer Berührung sind; die Anziehung und Abstoßung in die Ferne, auf denen der innere Zusammenhang der Körper, die allgemeine Schwere, sowie viele electrische und magnetische Erscheinungen beruhen sollen, hat bis jetzt dem Scharfsinn der Naturforscher die schwersten Proben auferlegt. Nichtsdestoweniger kann es nicht zweifelhaft sein, daß alle Erscheinungen der Natur nur durch directe Berührungen, vielfach freilich unter Zuhilfenahme eines Zwischenmediums zu Stande kommen. Schon der berühmte Begründer des allgemeinen Anziehungsgesetzes, Newton, war weit entfernt davon eine Anziehung in die Ferne für möglich zu halten; und wenn er sich auch keine Rechenschaft darüber geben konnte, welche Ursache die Körper veranlaßte nach den von ihm festgestellten Gesetzen sich zu bewegen, so bemerkte er doch ausdrücklich, daß sich die Körper lediglich so bewegten, daß es den Schein erweckt, als fände eine Anziehung zwischen ihnen — direct proportional dem Producte ihrer Massen und umgekehrt proportional dem Quadrat der Entfernung — statt. Die Newtonisten späterer Zeit waren allerdings nicht so scrupulös, sondern haben kurzweg von der „Anziehung in die Ferne" als einer besonderen Kraft gesprochen. Nachdem die Gravitation einmal in der Wissenschaft sich eingebürgert, folgten andere verwandte Kräfte wie magnetische und electrische Anziehung bald nach; der Zusammenhang der Theilchen eines und desselben Körpers sollte durch die Cohäsion, das Haftenbleiben verschiedener Körper an einander durch die Adhäsion erklärt werden; noch kühner aber war die Annahme einer Wahlverwandtschaft, welche die Chemiker machten, um zu erklären, warum gewisse Stoffe sich vorzugsweise und mit besonderer Energie mit einander verbinden.

Wenn nun die Naturforscher unserer Zeit ihren ganzen Scharfsinn aufbieten, um eine rein mechanische Erklärung aller Naturerscheinungen zu Stande zu bringen, so ist dieß nicht etwa als eine Modesache, als eine vorübergehende Theorie, welche vielleicht schon nach wenigen Jahren durch eine andere ersetzt werden dürfte, sondern als eine absolut logische Nothwendigkeit zu betrachten. Das Princip der Trägheit, welches der Materie alle eigene Initiative abspricht, hat sich bei der Erklärung aller Naturerscheinungen so vollständig bewährt, daß man nirgends auf einen Widerspruch gestoßen ist: die gesammte Mechanik, eine streng mathematische Wissenschaft, beruht auf diesem Princip; es müßte sich irgendwo der Fehler gefunden haben, wenn einer vorhanden wäre. Was soll es nun heißen, wenn man an die Spitze der Wissenschaft den Grundsatz stellt, die Materie sei absolut ohne alle Fähigkeit ein Streben, eine Neigung zu äußern und wenn man weiterhin alle möglichen Anziehungs- und Lebenskräfte, Wahlverwandtschaften u. dgl. durch eine Hinterthüre wieder einführt. Solange das Princip der Trägheit in der Wissenschaft Geltung hat, ist nur eine rein mechanische, auf dem Anprall der materiellen Gebilde gegen einander, unter Berücksichtigung der verschiedenen Größe der Massen und Geschwindigkeiten basirende Erklärung der Naturerscheinungen möglich, denn wie sollen Körper, denen jedes geistige Princip fehlt, anders als durch den „Stoß“ auf einander wirken können?

Ueberall, wo eine Einwirkung der Körper auf einander stattfindet, muß deshalb eine Bewegung, sei es nun der ganzen körperlichen Gebilde oder ihrer Theile vorausgesetzt werden. Wird z. B. ein Gas in einem Kautschukballon mit der Hand bis zu einem gewissen Grad zusammengepreßt, so empfindet man auch in dem Gleichgewichtszustande, der eingetreten ist, wenn das Gas nicht mehr weiter comprimirt wird, einen lebhaften Druck. Das Gas ist als Ganzes in Ruhe; da es aber doch eine Einwirkung auf die Hand ausübt, so müssen nothwendig die einzelnen Theilchen des Gases in Bewegung sein und durch ihren Anprall gegen die Hand einen Druck auf dieselbe ausüben. Umgekehrt müssen die Theilchen der Hand in Bewegung sein und einen eben so starken Stoß gegen das Gas ausüben.

Sind ferner mehrere Körper von gleicher Temperatur in demselben Raume, so bemerkt man allerdings keine Veränderung und es könnte scheinen, als ob sowohl die Körper im Ganzen als auch die Theilchen derselben in absoluter Ruhe sich befänden. Bringt man aber einen dieser Körper in einen kälteren Raum, so verliert er sofort einen Theil seiner Wärme und nimmt etwas an Volumen ab, während die anderen sich erhitzen und ihr Volumen vergrößern, bis durchweg gleiche Temperatur eingetreten ist. Da nun die Körper als Ganze sich nicht bewegen, so muß eine Bewegung ihrer Theilchen angenommen werden: die Theilchen desjenigen Körpers, welcher die höhere „Temperatur" besitzt, haben eine lebhaftere Bewegung und geben etwas von ihrer Geschwindigkeit an die kälteren Körper ab, bis die Temperatur gleich geworden ist, d. h. bis die Theilchen der Körper mit gleicher Stärke gegen einander prallen.

Der bekannte französische Naturforscher Cuvier sagt: „Wenn man einmal aus der Lehre vom Stoß heraus ist, so hat man keine klare Vorstellung von Ursache und Wirkung mehr. Man kann alsdann nichts weiter thun als einzelne Thatsachen sammeln und Gesetze aufstellen, welche eine möglichst große Zahl von Erscheinungen umfassen. Darin bestehen denn auch gegenwärtig alle physikalischen Theorien und wie sehr man sie verallgemeinert hat, so ist man doch weit davon entfernt, sie auf die Gesetze des Stoßes zurückgeführt zu haben, welche allein im Stande sind eine klare

Vorstellung von dem Zusammenhang der Erscheinungen zu geben."

Man kann freilich nicht erwarten, daß es in der Kürze gelingen werde das angestrebte Ziel zu erreichen; in einzelnen Gebieten der Naturwissenschaft, wie in der Lehre vom Schall, vom Licht und theilweise auch von der Wärme hat die mechanische Erklärung der Naturerscheinungen bereits einen festen Boden gewonnen; selbst die Gravitation hat man auf mechanische Principien zurückzuführen gesucht; in andern Gebieten, wie im Magnetismus, in der Electricität, in der Chemie hat man klare und bestimmte Anschauungen über die Bewegungen der Materie, durch welche die betreffenden Erscheinungen zu Stande kommen sollen, noch nicht gewinnen können; nichtsdestoweniger kann es keinem Zweifel unterworfen sein, daß auch dieß früher oder später gelingen werde. Hierfür sprechen nicht blos Gründe der Theorie, sondern auch der Erfahrung: die verschiedenartigen Vorgänge in der Natur, welche man in mechanische, thermische, optische, electrische, chemische ꝛc. unterscheidet, lassen sich nämlich alle in einander überführen; durch äußere Bewegung kann Wärme, Licht, Electricität, Schall und selbst chemische Action, durch Wärme äußere Bewegung, Electricität ꝛc., durch Electricität Wärme, Licht, Schall, chemische Action ꝛc. erzeugt werden, ebenso wie durch chemische Vorgänge wiederum alle übrigen hervorgebracht werden können. Diese Möglichkeit der Umsetzung der verschiedenartigsten Processe in einander läßt erkennen, daß alle wesentlich denselben Ursprung haben müssen, und da ein Theil derselben, die mechanischen und akustischen nachweislich auf Bewegungen beruhen, so wird es wohl gestattet sein anzunehmen, daß auch die übrigen Vorgänge auf demselben Princip basiren.

Es ist nun auch nicht schwer die Bedeutung des Wortes „Kraft" zu erkennen: es ist ein kurzer Ausdruck für die

Ursachen, welche die Körperzustände verändern. Diese Ursachen bestehen aber immer in dem Anprall materieller Gebilde gegen einander.

Nachdem wir so in kurzen Zügen den Standpunkt gekennzeichnet haben, welchen der größte Theil der heutigen Naturforscher den natürlichen Erscheinungen gegenüber einnimmt, wird es nun unsere Aufgabe sein das bis jetzt in dieser Richtung Geleistete ins Einzelne zu verfolgen.

III. Die Umsetzung der endlichen Bewegungen.

Die Bewegungen, auf welchen die verschiedenen Naturerscheinungen, wie die der Wärme, der Electricität, des Lichtes u. s. w. beruhen, müssen sehr klein, wenn nicht unendlich klein sein: wird ein Körper erhitzt, so bemerkt man allerdings wohl eine Vergrößerung des ganzen Volumens, eine Bewegung der einzelnen Moleküle ist aber nicht wahrnehmbar; ebensowenig sind die Bewegungen sichtbar, auf welchen nach den Ansichten der Physiker die Erscheinungen des Lichtes beruhen sollen. Es ist deshalb auch nicht so leicht sich einen klaren Begriff von der Umsetzung dieser Bewegungen, oder mit andern Worten, von der Verwandlung von Wärme in Licht, Electricität u. s. w. zu machen. Deshalb dürfte es angezeigt sein zunächst einige Beispiele über die Verwandlungen der endlichen, sichtbaren Bewegungen vorzuführen. Die einfachsten Bewegungen sind die geradlinig fortschreitenden, deren Verwandlung an ein Paar Billardkugeln sich leicht verständlich machen läßt. Wird eine Billardkugel so gegen eine gleichgroße ruhende gestoßen, daß die Richtung des Stoßes durch die Mitten beider Kugeln geht, so setzt sich nach dem Anprall die ruhende Kugel in der

Richtung des Stoßes in Bewegung, die gestoßene Kugel dagegen kommt zur Ruhe. Dieß wird allerdings nie mit voller Genauigkeit eintreffen, denn die Kugeln sind nicht vollkommen elastisch und außerdem nimmt die gestoßene nicht blos eine fortschreitende, sondern gleichzeitig auch, wegen der Reibung am Billardtuche, eine drehende Bewegung an. (Wir werden an einer andern Stelle den Einfluß dieser drehenden Bewegung mit in Betracht ziehen.) Trifft eine Billardkugel eine ruhende so, daß der Stoß nicht durch die Mitte der letzteren geht — „schneidet" man dieselbe — so bewegt sie sich in einer Richtung geradlinig fort, welche von ihrer ursprünglichen mehr oder weniger abweicht; ebenso bewegt sich die gestoßene geradlinig nach einer Richtung, welche von der des Stoßes verschieden ist.

Bei dem Spinnrad setzt sich die um eine Achse hin- und herschwingende (oscillirende) Bewegung des Trittes in eine auf- und abgehende und oscillirende des „Knechtes" und diese in eine rotirende der Kurbel und des Rades um.

Bei der Hochdruckmaschine geht die auf- und abgehende Bewegung der Kolbenstange in eine auf- und abgehende und oscillirende der Treibstange und diese in eine rotirende der Kurbel über; und bei der Niederdruckmaschine setzt sich die geradlinige Bewegung der Kolbenstange in eine oscillirende des Balanciers, in eine geradlinige und oscillirende der Treibstange und schließlich in eine rotirende der Kurbel um.

Sehr alltäglich sind die Umsetzungen rotirender Bewegungen in einander. Bei einer Uhr wird durch die Spannkraft einer aufgezogenen Feder oder durch die Schwere eines sinkenden Gewichtes ein gezahntes Rad umgetrieben, welches in ein anderes gezahntes Rad 2c. eingreift. Ueberhaupt — sind die Wellen, von denen die eine ihre rotirende Bewegung auf die andere übertragen soll, nahe bei einander und einander parallel, so bewirkt man die Bewegung der einen vermittelst der andern am einfachsten dadurch, daß man auf den Wellen gezahnte Räder, deren Zähne in einander greifen,

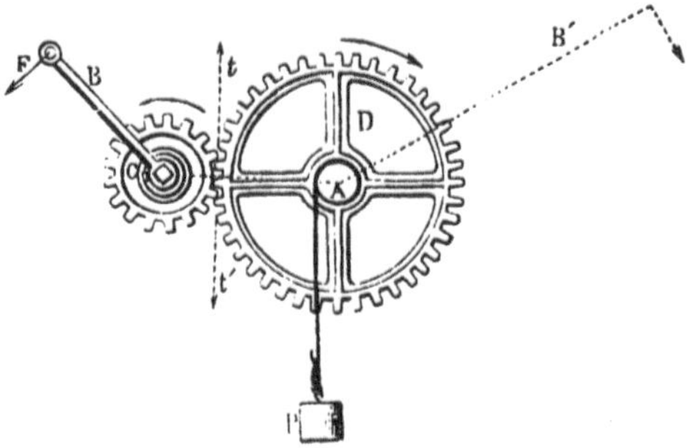

Fig. 1.

anbringt (Fig. 1): man kann übrigens auch glatte Räder verwenden, welche dicht gegen einander stehen, so daß das eine das andere vermöge der Reibung mitnehmen kann (Fig. 2).

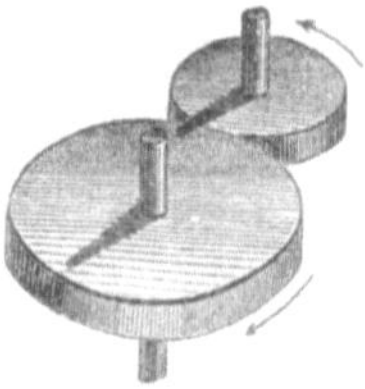

Fig. 2.

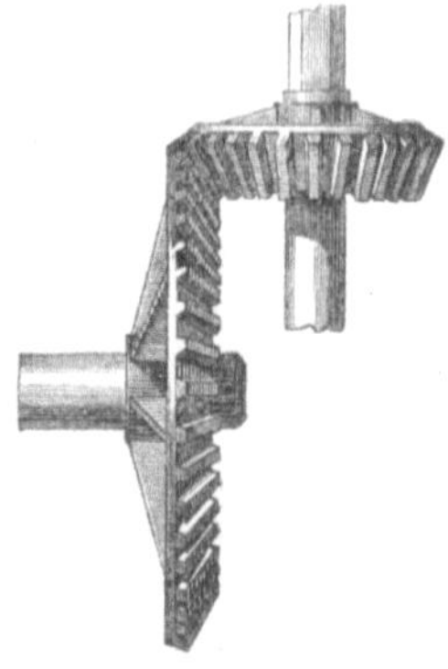

Fig. 3.

Stehen die parallelen Wellen weiter aus einander, so verbindet man die Räder durch Seile, Riemen oder Ketten ohne Ende. Sind die Wellen nicht parallel, so benutzt man gezahnte conische Räder (Fig. 3), um die rotirende Bewegung der einen Welle auf die andere zu übertragen.

Eine Umsetzung einer rotirenden Bewegung in eine oscillirende findet bei den Uhren statt; das letzte Rad einer Taschenuhr greift in ein anderes eigenthümlich geformtes, das sogenannte Steigrad (Fig. 4) ein, dieses greift (bei den

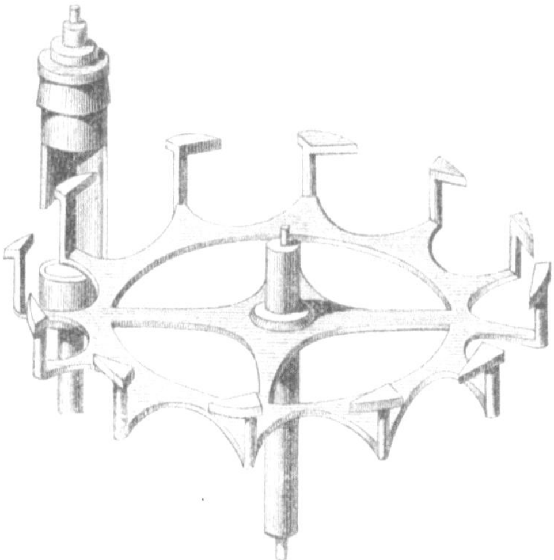

Fig. 4.

Cylinderuhren) in das Innere eines hohlen Cylinders, der oben auf seiner Achse einen Ring mit einer Spiralfeder (welche beide in der Figur weggelassen sind) trägt. Indem das Steigrad sich umdreht, gibt der ins Innere des Cylinders eingetretene Zahn dem Cylinder einen kleinen Anstoß, so daß derselbe sich dreht und die Feder sich etwas zusammenzieht. Sobald aber der Zahn das Innere des Cylinders verlassen hat, sucht die Feder sich wieder auszudehnen und bewirkt, daß der Cylinder zurückschwingt; während dessen hat sich der folgende Zahn am Rücken des Cylinders gefangen, um bald darauf, wenn der Cylinder hinreichend zurückgeschwungen ist, ins Innere einzutreten, womit sich das vorige Spiel wiederholt. Bei den größeren Pendeluhren steht das Steigrad E (Fig. 5) mit einem Anker ABCD in Verbindung; bei der Umdrehung des Rades erhält der

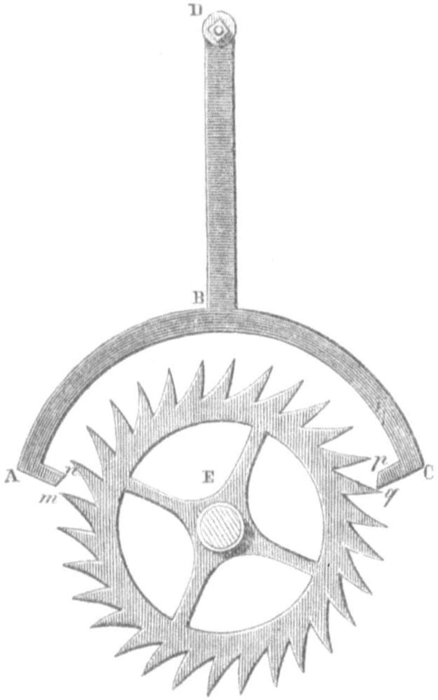

Fig. 5.

Anker bald einen Anstoß auf der rechten, bald auf der linken Seite, so daß er, ebenso wie das bei D angebrachte (in Fig. 6 sichtbare) Pendel eine oscillirende Bewegung annimmt. Die

Umwandlung einer rotirenden Bewegung in eine oscillirend-rotirende kann durch den Apparat (Fig 7) bewirkt werden. In ein Kronrad R (d. h. ein solches dessen Zähne resp. Sprossen auf der Ebene des Rades senkrecht stehen) greifen die Zähne eines kleineren Rades r ein, dessen Achse sich innerhalb des Schlitzes der Stange SS heben und senken kann. An dem Kronrad fehlen an einer Stelle a einige

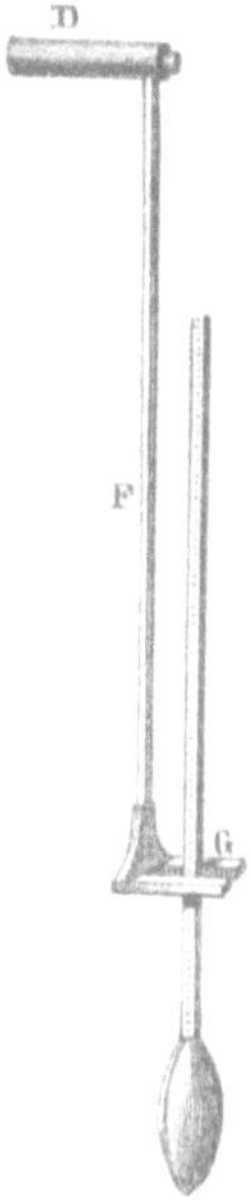

Fig. 6.

Fig. 7.

Sprossen, wodurch eine Lücke entsteht, welche hinreichend groß ist, um das kleine Rad r dazwischen durchzulassen. Gesetzt das kleine Rad befinde sich augenblicklich in der oberen Stelle des Schlitzes, d. h. innerhalb des großen Rades, so dreht es beim Umgang der Kurbel das Kronrad R in der Richtung, wie der Pfeil angibt, um; kommt nun das Rad r an die Lücke, so fällt es herab und greift von unten in die Sprossen des Kronrads R, so daß dasselbe sich in entgegengesetzter Richtung dreht; kommt r abermals an die Lücke, so geht es wieder nach oben und dreht R in der ersten Richtung um 2c.

Fig. 8.

Interessant und viel verwendet sind die Umsetzungen rotirender Bewegungen in geradlinige mit Hilfe der excentrischen Scheibe. Auf einer rotirenden Welle K (Fig. 8) ist eine Scheibe excentrisch, d. h. außerhalb ihres Mittelpunkts befestigt, so daß sie sich mit der Welle umdrehen muß. Um die Scheibe ist ein Ring gelegt, in welchem sie schleifen kann; der Ring ist mit einem Stangenwerk SS und dieses durch eine Querstange tu, respective durch einen Winkelhebel tuv mit einem festen Drehungspunkt u verbunden. Dreht sich die Scheibe, so nimmt sie bald die Lage Q, bald die Lage P ein, d. h. ihr größerer Theil ist bald zurück-, bald vorwärts geschoben. Der Ring, welcher wegen des Stangenwerks SS und des festen Punktes u die rotirende Bewegung nicht mitmachen kann, geht sammt dem Stangenwerk hin und her. Auf diese Art setzt sich eine rotirende Bewegung in eine geradlinige um.

Uebrigens läßt sich auch durch eine Kurbel eine rotirende Bewegung in eine geradlinige, wie umgekehrt, verwandeln.

Eine andere eigenthümliche Verwandlung einer rotirenden Bewegung in eine geradlinige findet bei den Stampfwerken statt. Ein Wasserrad (Fig. 9) hat an einer Welle mehrere Vorsprünge, A, A, sog. Daumen, welche einen an der Stange C C befindlichen

Fig. 9.

Vorsprung B, die Hebeplatte, ergreifen und damit die Stange heben können; sobald ein Daumen bei der Um=

drehung des Rades die Hebeplatte losläßt, fällt der Pochstempel C C herab, um von dem folgenden Daumen wieder gehoben zu werden rc.

Eine merkwürdige Verwandlung einer rotirenden und fortschreitenden Bewegung in eine geradlinig auf- und abgehende oder umgekehrt, zeigt Fig. 10. Ein kleines gezahntes

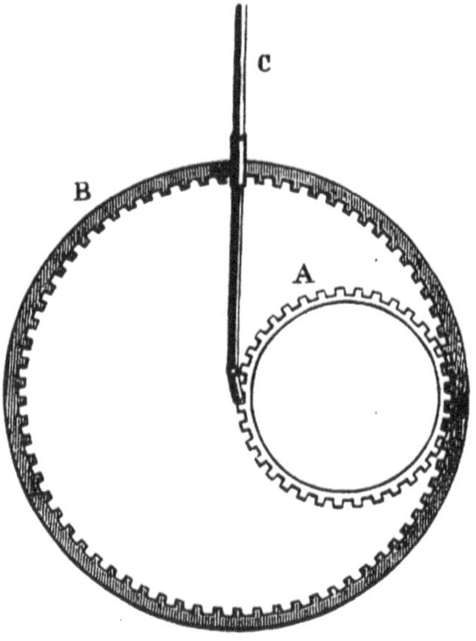

Fig. 10.

Rad A greift in die Zähne eines innen gezahnten größeren Rades B ein; an einem Punkt des Umfangs des ersteren ist eine Stange C befestigt, welche oben durch eine Hülse geht; zieht man die Stange auf und nieder, so dreht sich das Rad A und läuft im Innern des großen Rades B um. Selbstverständlich muß der Radius von A in einem bestimmten Verhältniß zu dem von B stehen ($^1/_2$: 1). Dreht man umgekehrt das kleine Rad mittelst einer Kurbel, so geht die Stange C auf und ab.

Bisher hatten wir im Wesentlichen angenommen, daß ein Körper nur eine Bewegung, eine fortschreitende, rotirende oder oscillirende, besitze. Viel verwickelter werden die Erscheinungen, wenn mehrere Bewegungen gleichzeitig stattfinden. Ein Fall ist dabei von besonderer Wichtigkeit, nämlich der, wenn ein Körper gleichzeitig eine fortschreitende und eine rotirende Bewegung besitzt. Die Frage, um welche es sich dabei handelt, ist folgende: Nach der Ansicht der Physiker ist der Stoff, die Materie undurchdringlich und unzusammendrückbar; wenn sich die Naturkörper zusammendrücken lassen, so rührt dieß daher, daß sie aus zahllosen Molekülen bestehen, welche weite Zwischenräume zwischen sich lassen; bei der Compression verkleinern sich die Zwischenräume, das Volumen des Stoffes selbst bleibt unverändert. Ein einzelnes Stofftheilchen, ein Atom ist nicht zusammendrückbar und deshalb auch nicht elastisch, denn die Elasticität der Körper beruht eben darauf, daß sich dieselben durch äußeren Druck bis zu einem gewissen Grad zusammendrücken lassen, um, wenn der Druck aufhört, sich wieder auf ihr früheres Volumen auszudehnen. Es ist aber, wie wir in der Folge sehen werden, von besonderer Wichtigkeit zu wissen, ob die Atome, trotzdem sie unelastisch sind, doch so von einander abprallen können, wenn sie gegen einander stoßen, daß es den Schein erweckt, als ob sie elastisch wären. Der berühmte französische Mathematiker Poinsot hat diese Frage einer eingehenden Untersuchung unterzogen und gefunden, daß wenn ein unelastischer Körper gleichzeitig eine fortschreitende und eine drehende Bewegung besitzt, er beim Anprall gegen einen andern Körper dadurch den Schein eines elastischen Körpers annehmen kann, daß sich ein Theil seiner rotirenden Bewegung in fortschreitende umsetzt. Obwohl wir hier, wegen der Schwierigkeit der Sache nicht ins Detail gehen können, so wollen wir doch an ein paar Beispielen diese Verwandlung etwas näher erläutern. Wenn ein Brummkreisel „schläft“, d. h. auf derselben Stelle sich dreht und man ihm am Rande auf der Seite, wo er sich gegen uns bewegt, den Finger entgegen hält, so weicht er zur Seite aus; er nimmt eine fortschreitende Bewegung an, während die Geschwindigkeit seiner drehenden Bewegung sich vermindert. Auch bei dem Billardspiel kommen derartige Verwandlungen beständig vor. Hätte eine Billardkugel lediglich eine fortschreitende Bewegung, so müßte sie, gegen eine ruhende stoßend, selbst zur Ruhe kommen; dieß tritt auch ein, wenn man ihr einen (centralen) „Klappstoß“ gibt, d. h. sie so rasch vorwärts stößt, daß sie kaum eine drehende Bewegung (durch die Reibung am Billardtuch) annehmen kann. Stößt man die Kugel langsam an, so daß sie ins Rotiren gelangen kann, stößt man sie namentlich oben, so läuft sie nach dem Stoß mit der gestoßenen Kugel fort; ein Theil ihrer rotirenden Bewegung setzt sich dabei in fortschreitende um; stößt man die Kugel unten an, so nimmt sie nach dem Stoß gar eine rückläufige Bewegung an. Aehnliches tritt ein, wenn man eine Kugel seitwärts anstößt. Allerdings sind die Billardkugeln elastisch, aber diese Verwandlung der drehenden Bewegung in fortschreitende hängt nicht von ihrer Elasticität ab und ließe sich ebensowohl durch unelastische Körper bewirken.

Wirft man einen Schieferstein gegen eine Wasserfläche, so prallt er wiederholt ab; seine fortschreitende Bewegung vermindert sich, während er sich immer rascher und rascher zu drehen beginnt; manchmal kehrt er auch theilweise wieder zurück, indem sich die erlangte drehende Bewegung in eine rückläufige fortschreitende verwandelt. Aehnliches gilt beim Diskuswerfen.

Der Bumarang der Wilden Australiens ist ein fast rechtwinklig gebogenes Holz (Fig 11): faßt man dasselbe am einen Ende und wirft es vorwärts, so dreht es sich immer schneller und schneller, endlich rotirt es einen Moment auf derselben Stelle, um dann bei immerfort abnehmender Rotation wieder an seinen früheren Ort zurückzukehren. Schon die Reibung an der Luft reicht hin, um die fortschreitende Bewegung in eine rotirende und diese wieder in eine rückläufige fortschreitende zu verwandeln; dasselbe geschieht, wenn der Bumarang an irgend einen Gegenstand anstößt.

Fig. 11.

Diese Beispiele dürften wenigstens erkennen lassen, daß ein gleichzeitig in rotirender und fortschreitender Bewegung begriffener Körper, wenn er gegen einen andern stößt, möglicherweise — durch Verwandlung eines Theils seiner rotirenden Bewegung in fortschreitende, oder umgekehrt, sich nach dem Stoße so bewegen kann, daß es den Schein erweckt, als sei er ein vollkommen elastischer Körper. Nimmt man also an, die Atome hätten gleichzeitig eine fortschreitende und eine rotirende Bewegung, so können sie beim Anprall an einander oder an andere Körper den Schein elastischer Körper annehmen, obwohl sie in Wirklichkeit unelastisch sind.

IV. Der Begriff der Arbeit und der Energie.

1.

Wenn man einen schweren Stein hebt, einen Sack Getreide auf einen Speicher trägt, mit der Säge Holz schneidet, einen Wagen auf der Erde fortzieht, so verrichtet man eine „Arbeit". Das Gemeinschaftliche bei allen angeführten Beispielen besteht darin, daß ein gewisser Widerstand auf eine bestimmte Strecke hin überwunden wird. Hebt man einen Stein auf eine gewisse Höhe oder trägt man einen Sack auf den Speicher, so überwindet man das Gewicht des Steines oder Sackes auf eine gewisse Strecke hin: sägt man Holz, so überwindet man die Festigkeit desselben auf die Länge hin, bis wie weit man in das Holz eindringt: zieht man einen Wagen auf der Erde, so überwindet man die Reibung auf die Erstreckung hin, wie weit der Wagen vorwärts gezogen wird.

Die Größe der Arbeit richtet sich dabei offenbar zugleich nach der Größe des zu überwindenden Widerstandes und nach der Länge des zu durchlaufenden Weges, oder mit andern Worten: Die Arbeit ist gleich dem Product aus Widerstand und Weg.

In den meisten Fällen ist die Kraft, welche bei einer Arbeit angewandt wird, ebensogroß oder nur wenig größer als der Widerstand und man kann in diesen Fällen auch sagen: die Arbeit ist gleich dem Product aus Kraft und Weg.

Als Maß der Arbeit pflegt man das Meter-Kilogramm (M. K.) zu nehmen, d. h. die Arbeit, welche geleistet wird, wenn ein Kilogramm einen Meter hoch gehoben wird.

Bisher ist vorausgesetzt worden, daß der Körper, an welchem eine Kraft (P) wirkt, sich in der Richtung derselben bewege. Es kann aber auch sein, daß der Körper, bereits eine Bewegung besitzt, oder daß noch andere Kräfte an ihm wirken und er sich in Folge dessen nach einer andern Richtung als nach der der Kraft (P) bewegt.

Wenn man einen Stein lothrecht aufwärts wirft, so geht der Stein (zunächst) in einer Richtung, welche der der Schwerkraft genau entgegengesetzt ist: der Stein bewegt sich in der Richtung ab (Fig 12) aufwärts, während die Schwerkraft in der Richtung ac abwärts zieht: der Weg ab, den der Stein zurücklegt, ist in Bezug auf die Richtung der Schwerkraft als negativ anzunehmen — der Angriffspunkt a der Schwerkraft schreitet in Bezug auf die Richtung derselben rückwärts — und somit ist die Arbeit der Schwerkraft als negativ anzunehmen.

Fig. 12.

Läßt man dagegen einen Stein aus der Hand fallen, so bewegt er sich in der Richtung der Schwerkraft selbst — der Angriffspunkt der Schwerkraft schreitet in Bezug auf die Richtung derselben vorwärts: die Arbeit der Schwerkraft ist alsdann positiv zu nehmen.

Es kann aber auch sein, daß die Richtung, welche der Körper einschlägt, mit der Richtung der Kraft einen Winkel bidet: dieß tritt z. B. ein, wenn man an einem Wagen, welcher vermöge seiner Schwere auf horizontaler Bahn zu bleiben gezwungen ist, schief aufwärts zieht. In Fig. 13 sei ab die Richtung der Bewegung des Körpers und ax die Richtung der Kraft; um den Weg ac zu finden, den dabei der Angriffspunkt der Kraft in der Richtung der Kraft zurücklegt, ziehe man bc senkrecht auf ax: die Arbeit der Kraft wird alsdann gefun-

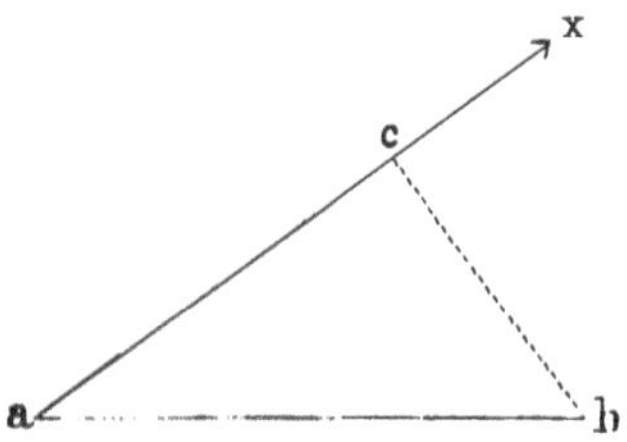

Fig 13.

den, wenn man die Kraft P=ax mit dem Weg ac multiplicirt*).

In dem eben behandelten Fall schreitet der Angriffspunkt a der Kraft P in der Richtung der Kraft (von a nach c) vor -- die Arbeit der Kraft ist positiv.

Wenn aber die Richtung a'x' der Kraft P (Fig. 15) einen stumpfen Winkel mit der Bahn a'b' des Körpers bildet und man wiederum von b' eine Senkrechte b'c' auf die Kraftrichtung zieht, so fällt dieselbe in die Verlängerung der Kraftrichtung; der Angriffspunkt a' der Kraft P schreitet rückwärts nach a'c' — die Arbeit der Kraft P ist jetzt als negativ anzusehen.

Wenn beliebig viele Kräfte an einem Körper nach beliebigen Richtungen wirken, so können die Kräfte möglicherweise einander das Gleichgewicht halten, so daß, wenn der Körper ursprünglich in Ruhe war, er trotz der Wirkung der Kräfte in Ruhe bleibt und wenn er bereits in Bewegung

---

*) Um dieß genauer einzusehen, denke man sich die Kraft P=ax (Fig. 14) in zwei Kräfte ae und ad (nach dem Satz vom Parallelogramm der Kräfte) zerlegt; dann wird die eine ad, wenn sie den Wagen wegen seines Gewichtes nicht in die Höhe heben kann, keine andere Arbeit zu verrichten vermögen, als daß sie den Druck des Wagens auf die Bahn und damit die Reibung vermindert; sehen wir von den Bewegungshindernissen ab, so bleibt nur die Kraft ae übrig, welche die Arbeit ae.ab verrichtet. Zieht man nun von b aus die Senkrechte bc auf ax, so ist bekanntlich ae.ab = ax ac, folglich ist die Arbeit der Kraft P gleich P.ac.

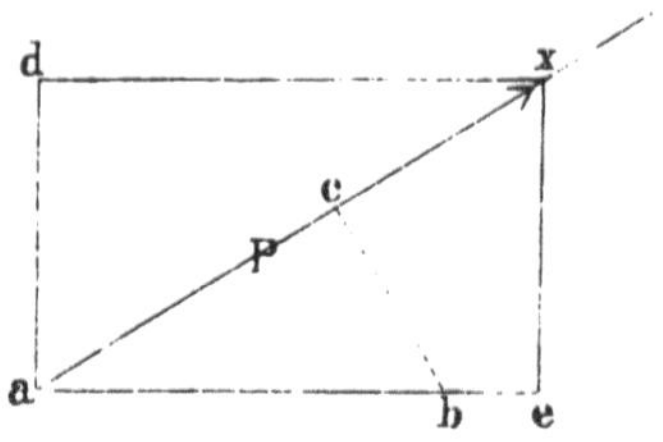

Fig. 14.

gewesen, diese unverändert fortsetzt, als wenn die Kräfte gar nicht an ihm wirkten.

Ist der Körper bereits in Bewegung, so werden die Angriffspunkte der im Gleichgewicht befindlichen Kräfte theils vor-, theils zurückschreiten, ihre Arbeiten werden theils positiv, theils negativ ausfallen und man wird leicht einsehen, daß die Gesammtsumme der Arbeiten Null sein muß.

Ist der Körper in Ruhe gewesen, so daß er auch unter dem Einfluß der Kräfte in Ruhe bleibt, so können die Kräfte möglicherweise (virtuell) Arbeit verrichten, wenn man

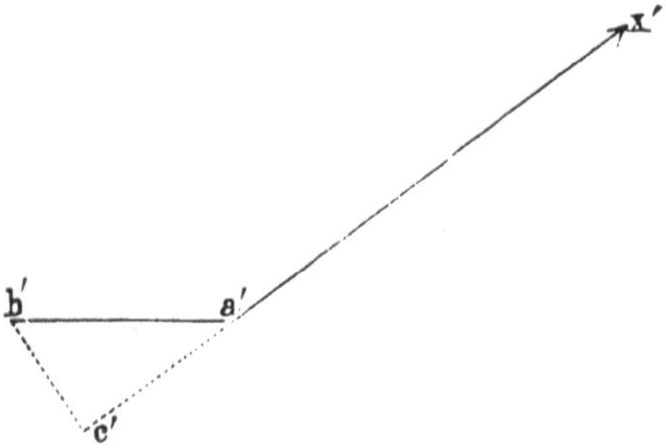

Fig. 15.

nämlich dem Körper irgend eine Bewegung ertheilt; auch hier werden die Angriffspunkte der Kräfte theils vor-, theils zurückschreiten' und die Summe der Arbeiten wird Null sein.

Dieser wichtige Satz, welcher gewöhnlich in den Worten ausgedrückt wird: Wenn beliebig viele Kräfte an einem Körper im Gleichgewicht sind, so ist die Summe der virtuellen Arbeiten gleich Null, wird das Princip der virtuellen Arbeiten oder die goldene Regel der Mechanik genannt. Aus diesem Satz läßt sich sogleich eine sehr wichtige Folgerung ziehen: Wie auch die inneren

Kräfte eines Körpers beschaffen sein mögen, wie gering auch unsere Kenntniß von dem Wesen derselben sein mag, so können wir doch, da dieselben stets im Gleichgewicht mit einander stehen, weil zu jeder Wirkung eine gleiche Gegenwirkung existirt, ganz allgemein behaupten: Die Summe der virtuellen Arbeiten der inneren Kräfte eines Körpers ist gleich Null.

Wir wollen nun noch an den gewöhnlichsten Maschinen unseren Satz als richtig nachweisen.

Bekanntlich lassen sich alle Maschinen als aus Hebeln und schiefen Ebenen zusammengesetzt ansehen; ist also ein Satz für den Hebel und die schiefe Ebene als giltig nachgewiesen, so gilt er für alle Maschinen überhaupt.

Beginnen wir zunächst mit dem Hebel. Wenn zwei Kräfte an einem Hebel wirken, so herrscht bekanntlich Gleichgewicht, wenn die Kräfte sich umgekehrt wie ihre Hebelarme verhalten. Ist ab (Fig. 16) eine Hebelstange, c der Drehungspunkt und der Hebelarm ac dreimal so groß wie der Hebel-

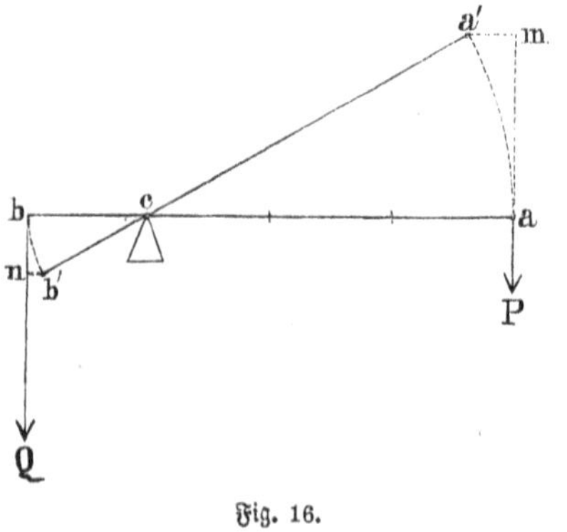

Fig. 16.

arm bc; sind ferner a und b die Angriffspunkte der Kräfte P und Q, so findet Gleichgewicht statt, wenn Q = 3 P.

Dreht man den Hebel um seinen Unterstützungspunkt c, so beschreibt der Angriffspunkt a der Kraft P den Bogen aa' und der Angriffspunkt b der Kraft Q den Bogen bb'. Projicirt man diese Wege auf die Richtungen der Kräfte, so fällt die Projection am in die Rückverlängerung der Kraft P und die Projection bn in die Richtung der Kraft Q selbst. Zugleich ist, weil aa' = 3 . bb', auch am = 3 bn. Da P dreimal kleiner als Q, die Projection am aber dreimal größer als bn, so muß die Arbeit von P (P . am) gleich der von Q (Q . bn) sein. Es ist aber P . am als negativ anzusehen; daher muß die Summe der (virtuellen) Arbeiten von P und Q gleich Null sein.

Man kann den Satz auch so ausdrücken: Was an Kraft gewonnen wird, geht an Weg (Zeit, Geschwindigkeit) verloren; denn der kleineren Kraft entspricht ein in demselben Maße größerer Weg; will man mittelst einer kleineren Kraft einer größeren das Gleichgewicht halten, so ist dieß zwar möglich (wenn man sie nämlich an einem hinreichend langen Hebelarme wirken läßt), allein wenn es zur Bewegung kommt, so muß der Angriffspunkt der kleineren Kraft einen in dem Maße größeren Weg beschreiben.

Auch für die schiefe Ebene läßt sich das Princip der virtuellen Arbeiten leicht klar stellen. Liegt ein schwerer Körper m (Fig. 17) auf einer schiefen Ebene, dessen Gewicht Q vertical abwärts zieht, und soll derselbe durch eine parallel der Länge ab der schiefen Ebene aufwärts wirkende Kraft P am Herabfallen gehindert werden, so muß, wie aus der Mechanik bekannt, sich P zu Q wie die Höhe bc der schiefen Ebene zu ihrer Länge ab verhalten. Denkt man nun, der Körper m bewege sich über die ganze Länge ab der schiefen Ebene und projicirt man die Bahn ab, welche von dem gemeinschaftlichen Angriffspunkt von P und Q beschrieben wird, auf die Richtungen von P und Q, so erhält man als Projectionen bezüglich ab und bc. (Man denke sich (Fig. 18) den gemeinschaftlichen Angriffspunkt von P und Q

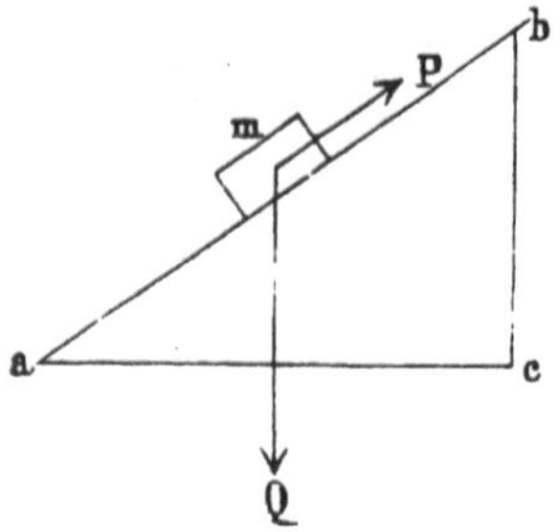

Fig. 17.

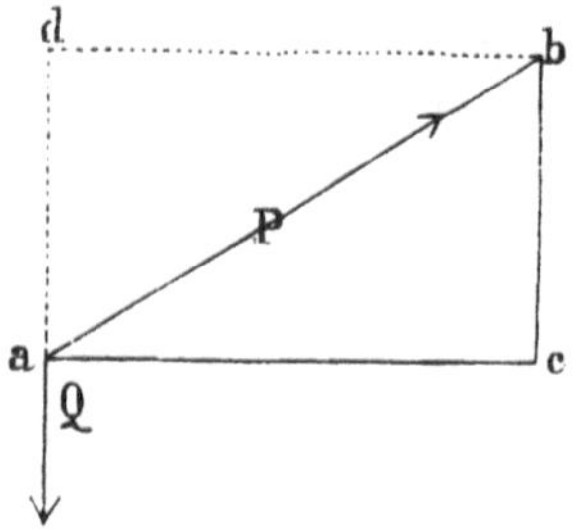

Fig. 18.

zunächst in a, so ist die Projection von ab auf P gleich ab selbst und die von ab auf Q gleich ad, welches aber gleich bc ist.) Die Projectionen der Wege verhalten sich also umgekehrt wie die Kräfte, weswegen die Producte aus Kraft und Weg, d. h. die Arbeiten von P und Q absolut genommen einander gleich sind. Bewegt sich dabei der Körper m von a nach b, so geht die Bewegung im Sinne von P vor sich (die Projection des Weges fällt in die Richtung von P selbst), die Arbeit von P ist also positiv; dagegen findet die (aufwärtsgehende) Bewegung in entgegengesetztem Sinne in Bezug auf die Richtung der abwärtswirkenden Kraft Q statt (die Projection von ab auf Q fällt in die Rückverlängerung von Q), es ist also die Arbeit von Q negativ; und da die Arbeiten von P und Q an sich gleich sind, so muß ihre Summe gleich Null sein.

Die mechanische Arbeit kann man auch als Maß für die Kräfte benutzen; eine Kraft ist um so größer, je mehr Arbeit sie in einer bestimmten Zeit leisten kann. Für die Beurtheilung der Arbeit selbst ist es völlig gleichgiltig, in wie viel Zeit dieselbe geleistet worden: für die Beurtheilung der Kraft aber, welche die Arbeit leistet, ist die Zeit ein wesentlicher Factor. Sind 1000 Kilogramm Wasser auf eine Höhe von 20 Meter gehoben worden, so beträgt die geleistete Arbeit 1000 . 20 = 20000 M.K., einerlei ob dieselbe von einer gewöhnlichen Pumpe, oder in viel kürzerer Zeit von einer Dampfpumpe geleistet worden ist. Dagegen wird man der Dampfpumpe eine so viel mal größere Kraft zuschreiben als der gewöhnlichen Pumpe, als sie weniger Zeit zur Leistung derselben Arbeit braucht.

Als Einheit der Kraft wird gewöhnlich die Pferdekraft genommen, d. h. eine Kraft, welche im Stande ist 75 M.K. Arbeit in einer Secunde zu leisten.

2.

Der Begriff der Arbeit ist von Poncelet und Coriolis in die Wissenschaft eingeführt worden und hat sich so rasch wie kaum ein anderer eingebürgert. Nicht minder scheint dieß bei einem anderen Begriff eintreffen zu wollen, nämlich bei dem von Rankine zuerst benutzten und streng definirten Begriff der Energie. Zwar haben die alten Philosophen das Wort Energie in ihren Schriften vielfach gebraucht, allein in sehr verschiedenartiger Bedeutung und jedenfalls nicht in einem mathematisch faßbaren Sinn.

Unter „Energie" versteht man die Fähigkeit Arbeit leisten zu können, — das Wort Arbeit in dem vorhin erklärten Sinne genommen. Nun gibt es sehr verschiedene Zustände der Körper, in denen sie Energie besitzen, so z. B. wenn sie sich in Bewegung befinden. Wenn eine Kugel über die Erde rollt, so wird ihre Geschwindigkeit immer geringer, sie verrichtet dabei eine Arbeit, nämlich sie überwindet die Reibung am Boden. Eine abgeschossene Flintenkugel ist vermöge ihrer raschen Bewegung im Stande bis zu einer gewissen Tiefe in eine Mauer einzudringen, d. h. sie kann die Arbeit leisten, auf eine gewisse Erstreckung hin die Festigkeit der Mauer zu überwinden.

Körper, welche sich in Bewegung befinden, sind also im Stande Arbeit zu leisten, sie besitzen Energie der Bewegung, oder *kinetische Energie*. Früher schrieb man den in Bewegung befindlichen Körpern, da sie eine Arbeit verrichten können, *lebendige Kraft* zu, welcher Ausdruck übrigens auch jetzt noch viel gebraucht wird.

Wenn ein in Bewegung befindlicher Körper Arbeit verrichtet, so nimmt seine Geschwindigkeit immer mehr ab, bis sie schließlich Null wird: der Körper hat alsdann so viel Arbeit verrichtet, als man auf ihn hatte verwenden müssen, bis er die Geschwindigkeit erlangte, die er am Anfang seiner Arbeitsleistung besaß. In einem in Bewegung befindlichen Körper ist also gewissermaßen die Arbeit voll enthalten, die man an ihm verrichtet hatte, und er ist im Stande dieselbe wieder auszugeben. Dieser Umstand, daß in Bewegung befindliche Körper Arbeitsreservoire sind, wird z. B. bei den Dampfmaschinen insofern benutzt, als man an der Welle derselben ein großes Schwungrad anbringt: es kostet viel Arbeit, um die gewaltige Masse des Schwungrades in rasche Bewegung zu versetzen; will aber die Maschine einmal langsamer gehen, so gibt das Schwungrad, indem seine Geschwindigkeit dabei allerdings sich etwas vermindert, einen Theil seiner kinetischen Energie an die Maschine ab; ist umgekehrt der Dampfdruck momentan stärker, so nimmt das Schwungrad einen Theil der Arbeit, welche der Dampf leistet, in sich auf; seine Geschwindigkeit wächst dabei, im Ganzen aber steigt die Geschwindigkeit der Maschine nicht sehr stark, da das Schwungrad einen großen Theil der Arbeit des Dampfes absorbirt.

Beim Anlassen (Anlauf) einer Dampfmaschine hat der Dampf wesentlich die Arbeit zu verrichten die Maschine auf die Geschwindigkeit zu bringen, welche sie bei der von ihr zu leistenden Arbeit besitzen muß: soll die Maschine wieder zur Ruhe gebracht werden, so sperrt man den Dampf ab, die Maschine geht alsdann vermöge der in allen Theilen, namentlich aber im Schwungrad enthaltenen kinetischen Energie noch so lange mit stets abnehmender Geschwindigkeit weiter, bis wieder die Arbeit geleistet worden, welche der Dampf beim „Anlauf" der Maschine hatte verrichten müssen.

Ein Körper kann aber auch in Ruhe sich befinden und doch eine Art von Energie besitzen. Das Wasser in einem hochgelegenen Teiche kann, wenn ihm verstattet wird auf ein Wasserrad zu fallen, dasselbe umtreiben; es ist also im Stande, auf geringere Höhe herabgehend, Arbeit zu verrichten, und zwar so viel als nöthig wäre, um das Wasser wieder auf die Höhe des Teiches zu heben. Zieht man eine Standuhr auf, d. h. hebt man die Gewichte, so verrichten dieselben beim Herabsinken, indem sie das Uhrwerk treiben, eine Arbeit, welche der beim Aufziehen geleisteten gleich ist.

Das in einem hochgelegenen Teich befindliche Wasser und die gehobenen Gewichte einer Standuhr können also möglicherweise, wenn sie nämlich auf eine geringere Höhe herabgehen, Arbeit verrichten: man sagt deshalb, sie besäßen potentielle Energie, oder Energie der Lage.

Wird eine Feder gespannt und in dieser Lage festgehalten, so besitzt sie potentielle Energie: sie kann z. B. mit einem Uhrwerk in Verbindung gebracht und losgelassen so lange Arbeit verrichten, bis sie ihre erste Form wieder angenommen hat: man hat Arbeit verrichten müssen, um die gegenseitige Lage der Theilchen der Feder zu einander zu verändern, und ebensoviel Arbeit gibt die Feder wieder her, wenn es den Theilchen gestattet wird, in ihre frühere Lage zurückzukehren.

Potentielle Energie enthalten ferner: Pulver, die comprimirte Luft in einer Windbüchse, die gebundenen Electricitäten einer geladenen Leidener Flasche; ein Arbeiter, welcher durch hinreichende Nahrung zur Arbeit befähig ist ꝛc. Wird eine Flintenkugel lothrecht in die Höhe geschossen, so besitzt sie anfänglich eine bedeutende kinetische Energie; in dem Maße aber, wie sie aufsteigt vermindert sich dieselbe, indem die Geschwindigkeit der Kugel abnimmt; dafür aber gelangt sie in größere Entfernung von der Erdoberfläche und könnte von da herabsinkend eine Arbeit verrichten; es setzt sich also beim Aufwärtssteigen der Kugel kinetische Energie in potentielle um. Ist die Kugel endlich für einen Augenblick zur Ruhe gekommen, so ist ihre kinetische Energie gleich Null, ihre potentielle dagegegen hat den höchsten Werth erlangt, den sie unter diesen Umständen erreichen kann; fängt jetzt die Kugel wieder zu fallen an, so nimmt ihre potentielle Energie ab, in dem Maße, wie sie sich der Erde nähert; dagegen nimmt ihre Geschwindigkeit und deshalb ihre kinetische Energie zu; es setzt sich also jetzt potentielle Energie in kinetische um.

Wenn ein Pendel schwingt, so findet auch eine beständige Verwandlung von potentieller Energie in kinetische und umgekehrt statt; wenn das Pendel aufwärts geht, so vermindert sich seine Geschwindigkeit, seine Höhe über der Erdoberfläche aber nimmt zu; es verwandelt sich also kinetische Energie in potentielle; umgekehrt ist es beim Herabsinken des Pendels.

Wenn unsere Erde auf ihrer Bahn in der Sonnenferne ist, so ist ihre potentielle Energie ein (relatives) Maximum; sie würde von da aus nach der Sonne fallend mehr Arbeit verrichten können als von irgend einem andern Punkt ihrer

Bahn. Kommt nun die Erde in ihrem Laufe der Sonne näher, so nimmt ihre potentielle Energie ab, zugleich aber nimmt, wie die Astronomen gefunden haben, ihre kinetische Energie, ihre Geschwindigkeit zu: es tritt also eine Verwandlung von potentieller in kinetische Energie ein. In der Sonnennähe ist die potentielle Energie am kleinsten und die kinetische am größten. Im weiteren Verlauf nimmt die kinetische Energie wieder ab und die potentielle zu.

Auch bei den zahlreichen Umwandlungen endlicher Bewegungen in einander, welche wir früher betrachtet haben, findet nirgends ein Verlust an Energie statt. Ein Körper, welcher aus einer geradlinigen Bewegung in eine kreisförmige übergegangen ist, hat an Arbeitsfähigkeit nichts verloren: dasselbe gilt, wenn ein Körper zwei Bewegungen zugleich, eine fortschreitende und eine rotirende, besitzt; verwandelt sich die eine ganz oder theilweise in die andere, so kann der Körper im zweiten Zustand genau ebensoviel Arbeit verrichten als im ersten.

Wir werden an den geeigneten Stellen die Theorie der Energie weiter ausführen und namentlich die Energieen der unendlich kleinen Bewegungen und ihre Verwandlungen in Betracht ziehen. Dieß aber wollen wir schon jetzt ausdrücklich hervorheben, daß, soweit wir bis jetzt die Erscheinungen in der Natur verfolgt haben, nirgends ein Verlust an Energie eintritt, sondern daß immer nur eine Verwandlung der einen Art von Energie in eine andere stattfindet. Dieß ist das wichtige Princip von der Erhaltung der Energie, dessen Allgemeingiltigkeit späterhin noch ausführlicher begründet werden soll.

Es dürfte hier der Ort sein auf den Begriff der Kraft noch einmal einzugehen und ihn vom Gesichtspunkte der „Energie“ aus zu beleuchten. Wir hatten schon früher bemerkt, daß unter Kraft die Einwirkung von Körpern vermöge der

Bewegung, welche sie als Ganzes oder in ihren einzelnen Theilchen besitzen, auf einander zu verstehen sei. Dabei kann es nun eintreten, daß die Körper blos einen Druck auf einander ausüben, ohne daß äußere, sichtbare Bewegung erfolgt; dieß wird immer der Fall sein, wenn zwischen ruhenden Körpern gleiche Wirkung und Gegenwirkung herrscht: Liegt z. B. ein Stein auf einem Tisch, so übt er einen Druck auf denselben aus, der Tisch aber drückt mit gleicher Stärke zurück; ein in einem Gefäße befindliches comprimirtes Gas übt auf die Gefäßwände einen Druck aus, der von diesen in gleicher Stärke erwidert wird; eine gespannte und mit der Hand festgehaltene Feder übt auf diese einen ebensogroßen Gegendruck aus, wie die Hand auf die Feder selbst drückt ꝛc. Solche Kräfte pflegte man früher Druck- oder Spannkräfte zu nennen; heutzutage würde man geneigt sein dieselben als potentielle Energie aufzufassen. Die Einwirkungen ferner, welche in Bewegung befindliche Massen auszuüben im Stande sind, nannte man früher Stoßkräfte; man würde jetzt dafür den Namen kinetische oder actuelle Energie setzen können. Auf diese Art würde der Begriff „Kraft" ganz aus der Wissenschaft verschwinden und dem Begriff „Energie" in der vorhin angegebenen Bedeutung Platz machen müssen. Der Ausdruck „Erhaltung der Kraft" ist danach ebenfalls ein veralteter und durch den jetzt fast allgemein gebrauchten „Erhaltung der Energie" zu ersetzen.

Immerhin aber ist das Wort Kraft so sehr im gewöhnlichen Leben und in der Wissenschaft eingebürgert, daß es nicht verschwinden wird; es ist übrigens auch gegen den Gebrauch desselben nichts zu erinnern, wenn ihm nur der rechte Sinn untergelegt wird.

V. Die Schallschwingungen.

Den Uebergang von den endlichen Bewegungen zu den unendlich kleinen bilden die Schwingungen, welche einen Ton erzeugen oder fortpflanzen: sie sind mit freiem Auge und ohne weitere Hilfsmittel noch einigermaßen bemerkbar, wenn auch ihre genaue Analyse (die gesonderte Erkennung der einzelnen Schwingungen) nur indirect und durch Anwendung künstlicher Vorrichtungen gelingt. Auch setzen sich hier die Schwingungen der einzelnen Theilchen vielfach zu gemeinsamen Bewegungen ganzer Körperstücke zusammen, wie dieß namentlich bei den tönenden Schwingungen der Fall ist (Stimmgabel, gespannte Saite). Streicht man den Rand einer großen Glasglocke, welche von 4 an Fäden herabhängenden Holzkügelchen berührt wird, mit dem Violinbogen in der Nähe eines der Kügelchen an, so springen dieselben weit weg, ein deutlicher Beweis, daß die Glocke selbst in lebhafter Bewegung ist, wenn man dieselbe auch nicht mit dem Auge deutlich wahrnehmen kann: hält man aber den Finger leise an die Glocke, während sie tönt, so erkennt man das Hin- und Herzittern an der Zu- und Abnahme des Druckes. Gießt man Wasser in die Glocke, so hebt es sich an einzelnen Stellen, während gleichzeitig ein feiner Staubregen emporspritzt.

Streut man Sand auf eine Glasplatte, welche an einem Punkt, z. B. in der Mitte festgeklemmt ist und streicht sie mit dem Violinbogen an einem andern Punkte, so springt der Sand an einzelnen Stellen in die Höhe und häuft sich an andern an, woraus wir schließen, daß die Platte an einzelnen Stellen schwingt, an andern in Ruhe ist (Chladni'sche Klangfiguren). Hiermit hängen die Kundt'schen Staubfiguren zusammen. Eine enge Glasröhre s (Figur 19) ist

Fig. 19.

theilweise in eine weitere S geschoben; am Ende von s ist ein Stopfen übergezogen, welcher ziemlich fest gegen die Röhre S drückt; reibt man die Röhre s mit einem dicken, mit Weingeist angefeuchteten Tuchlappen der Länge nach, so gibt sie einen hellen, hohen Ton; ist nun in S feiner Korkstaub eingestreut, so bilden sich beim Tönen regelmäßige Figuren; die Schwingungen von s übertragen sich auf den Stopfen, auf die Röhre S und auf den Korkstaub.

Streicht man eine Stimmgabel mit dem Violinbogen, so kann man durch Anlegen des Fingers die hin- und hergängige Bewegung der Zinken empfinden; man *sieht* aber auch, daß eine Bewegung stattfindet, denn die Zinken erscheinen viel breiter, indem rechts und links eine halbschattenartige Verbreiterung bemerkbar wird; dieselbe nimmt allmälig ab und verschwindet, wenn die Stimmgabel zu tönen aufhört (Fig. 20).

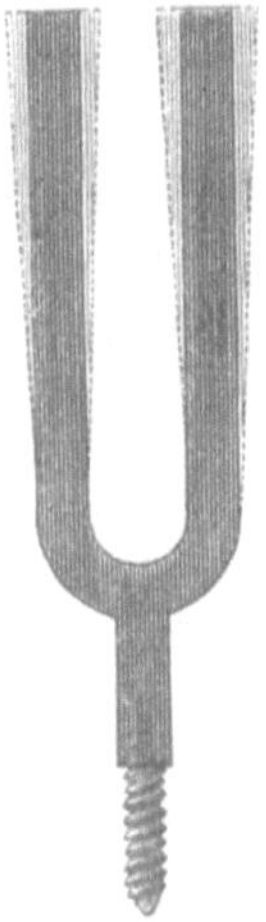
Fig. 20.

Befestigt man an der einen Zinke einer Stimmgabel, senkrecht zur Ebene der Zinken, einen feinen eisernen Stift, schlägt die Stimmgabel an und hält den Stift gegen ein berußtes Papier, so reißt der Stift, wenn das Papier unbeweglich bleibt, in den Ruß eine gerade Linie ein, deren Länge die Weite der Schwingungen der Stimmgabelzinken angibt; bewegt man das Papier an dem Stift hin, oder fährt man umgekehrt mit dem Stift über das Papier, so erhält man eine Zickzacklinie, woraus ersichtlich ist, daß die Stimmgabel wirklich schwingt, d. h. daß ihre Zinken periodisch hin- und hergehen. Hübscher noch kann man dieß mittelst des Apparates (Fig. 21) zeigen. Der Stift an der einen Zinke der Stimmgabel berührt einen mit berußtem Papier überzogenen Metallcylinder; dreht man denselben um, während die Stimmgabel schwingt, so reißt sie in den Ruß eine zickzackförmige Linie ein; es läßt sich sogar die Zahl der Schwingungen in einer Secunde bestimmen: man braucht nur eine Secunde lang den Cylinder zu drehen und die Anzahl der Zacken, welche die eingerissene Spirale zeigt, zu zählen. Damit nach einmaligem Umdrehen des Cylinders die Spirale nicht

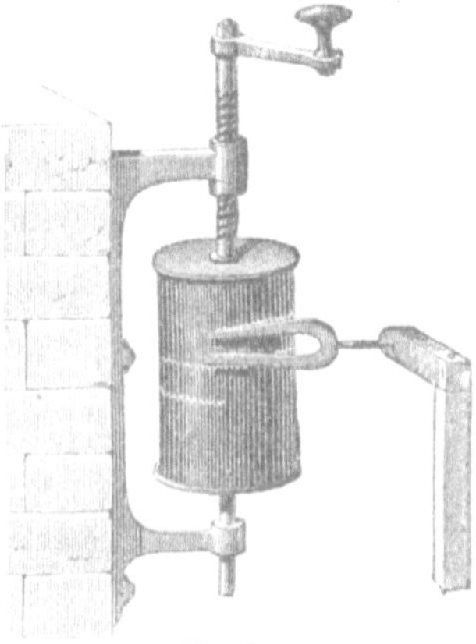

Fig. 21.

wieder an dieselbe Stelle zu liegen kommt, so ist die Achse des Cylinders mit einem Schraubengewinde versehen, weshalb sich beim Umdrehen der Cylinder hebt oder senkt. Um ferner die Zeit genau bestimmen zu können, stellt man neben dem Cylinder ein Chronometer auf, welches nach jeder Secunde eine Marke auf denselben macht. Fig. 22 zeigt zwei solche durch Stimmgabeln auf der berußten Fläche erzeugte Spiralen: die Linien zz und z'z' sind die Marken, welche das Chronometer hervorgebracht.

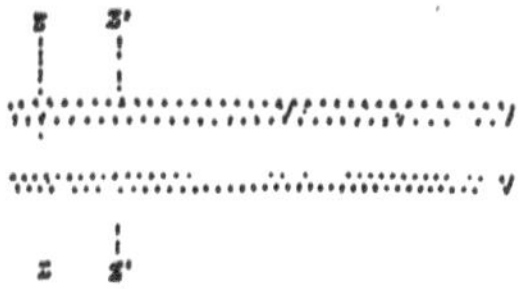

Fig. 22.

Die Zahl der Zacken zwischen zwei solchen Marken gibt die Zahl der Schwingungen in der Secunde an.

Man hat aber auch noch auf eine andere Art die Schwingungen einer Stimmgabel zu fixiren gesucht: Dr. Th. Stein hat im April 1876 in meinem Cabinet die Schwingungen einer großen Stimmgabel (128 Schwingungen in der Secunde) photographisch aufgenommen. Mit Wachs und Siegellack wird an der schmalen Seite einer Stimmgabelzinke ein dünnes Glimmerblättchen, in welches mittelst einer Nadel ein feines Loch o gemacht worden, angeklebt (Fig. 23). Streicht man die Stimmgabel an, so erscheint das Loch im Glimmerblättchen als eine mehrere Millimeter lange Linie ab. Diese Linie wird besonders glänzend, wenn man durch eine runde (6—10 Millimeter breite) Oeffnung im Laden eines dunkeln Zimmers ein Bündel Lichtstrahlen

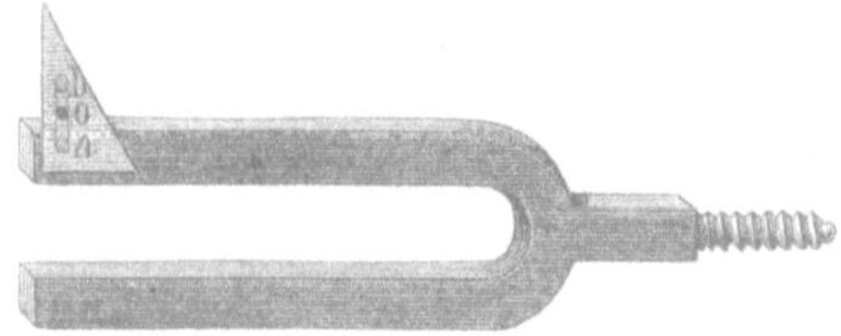

Fig. 23.

(durch eine Linse concentrirt) auf das Loch des Glimmerblättchens fallen läßt. Stellt man nun hinter dem Glimmerblättchen einen kleinen photographischen Apparat auf, so bildet sich auf der mit lichtempfindlichen Substanzen überzogenen Glasplatte eine gerade Linie ab, wenn die Stimmgabel in Schwingungen versetzt wird und die Glastafel sich in Ruhe befindet. Zieht man aber die Glastafel rasch in horizontaler Richtung fort, so bildet sich auf ihr eine Spirallinie, wie auf dem vorhin erwähnten berußten Cylinder, ab. Man kann die Geschwindigkeit der Bewegung der Glasplatte durch ein Uhrwerk genau reguliren, und selbst wenn sie innerhalb $^1/_{10}$ Secunde vorbeifliegt, so reicht diese kurze

Zeit noch hin, um die lichtempfindliche Substanz zu zersetzen und eine deutliche Spirallinie auf der Glastafel entstehen zu lassen.

Dabei bemerkt man, daß die Zacken der Spirale oben und unten stark verdickt, in der Mitte aber sehr fein sind. Dieß rührt daher, daß die Bewegung der Stimmgabel an den Orten der weitesten Ausbiegung am langsamsten, in der Mitte aber am raschesten ist: das Licht hat, wenn die Stimmgabelzinke in einer ihrer äußersten Lagen ist, am längsten Zeit auf die lichtempfindliche Substanz der Glastafel einzuwirken.

Aus der Zahl der Zacken der Spirale und der Geschwindigkeit der Bewegung der Glastafel läßt sich auch die Schwingungszahl der Stimmgabel finden. Angenommen, die Glastafel hätte 1/10 Secunde gebraucht, um an der Oeffnung des photographischen Apparates vorbei zu fliegen und es hätten sich 12 Zacken abgebildet, so müßte die Zahl der Schwingungen der Stimmgabel in 1 Secunde 120 betragen.

Daß eine gespannte Saite beim Tönen in schwingender Bewegung sich befindet, erkennt man schon daran, daß sie in der Mitte wie angeschwollen aussieht; außerdem fliegen kleinere Papierstückchen, welche man auf die Saite setzt, ab; schwingt sie in mehreren Theilen (Fig. 24), so bleiben die

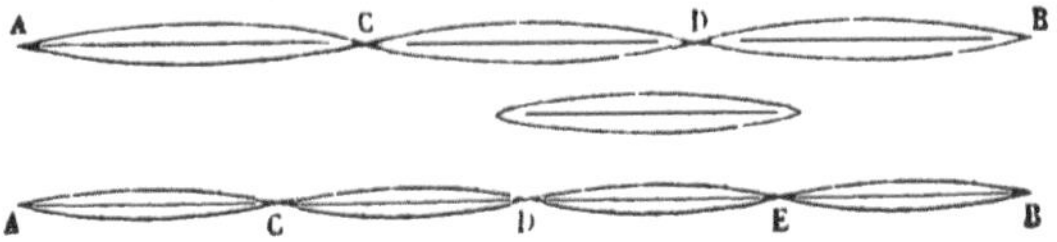

Fig. 24.

Papierreiterchen an den ruhenden Stellen sitzen und an den andern fliegen sie weg. Die Schwingung eines Fadens in irgend viel Theilen ist deutlicher bemerkbar, wenn man denselben mit dem einen Ende an einer Stimmgabelzinke befestigt und diese anstreicht. Nimmt man statt eines Fadens einen feinen Platindraht, durch den man gleichzeitig einen starken galvanischen Strom leitet, so glüht der Draht lebhaft an den Ruhepunkten (Knoten), während er an den Punkten der stärksten Bewegung (Bäuchen), wegen der Abkühlung an der Luft, dunkel bleibt.

Complicirter schon sind die Doppelbewegungen, welche viereckige (prismatische) Stäbe geben. Wird ein viereckiger, am einen Ende angeklemmter Stab, von dem Fig. 25 den Querschnitt zeigt, in der Richtung ac angestoßen, so beschreibt sein oberes Ende in dieser Richtung einen kleinen Kreisbogen: dasselbe geschieht, wenn er in der Richtung ab angestoßen wird, nur daß er jetzt in dieser Richtung schwingt. Schlägt man aber den Stab in der Richtung der Diagonale ad des Querschnitts an, so schwingt er gewissermaßen gleichzeitig in der Richtung ac und ab; ist oben auf dem Stab ein polirtes Metallkügelchen befestigt, so beschreibt dasselbe eigenthümliche Curven, deren Gestalt von dem Verhältniß der Breite ab zur Dicke ac des Stabes

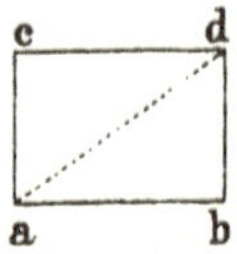

Fig. 25.

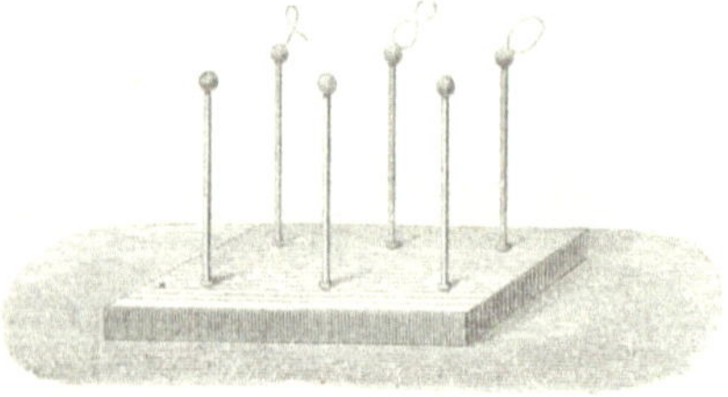
Fig. 26.

abhängt. Fig. 26 zeigt eine Anzahl solcher Stäbe (Wheatstone's Kaleidophon) und die Fig. 27, 28, 29 und 30 eine Anzahl Curven, welche die Knöpfe, je nach der Beschaffenheit des Querschnitts der Stäbe beschreiben.

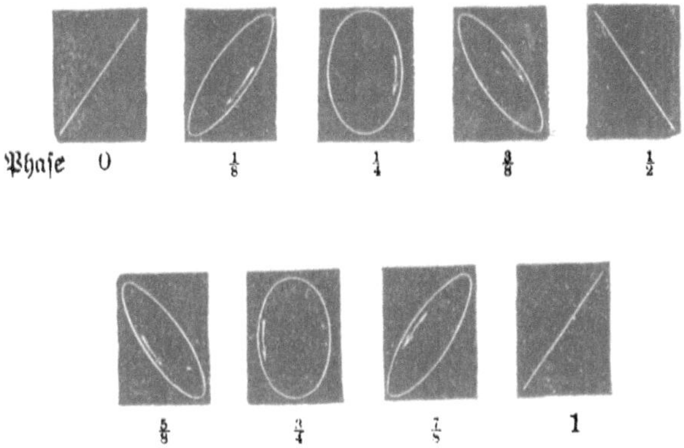

Fig. 27.

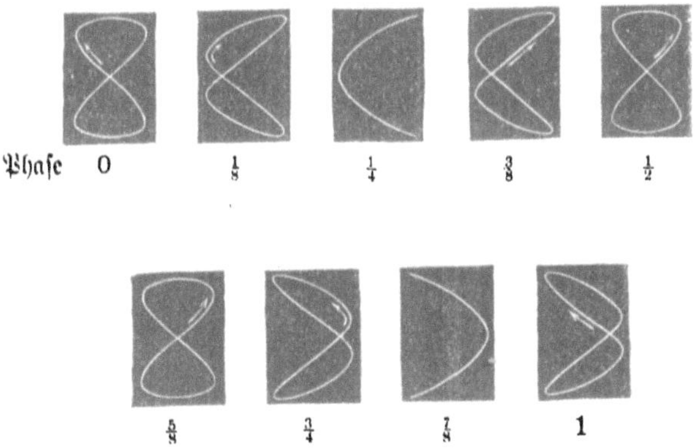

Fig. 28.

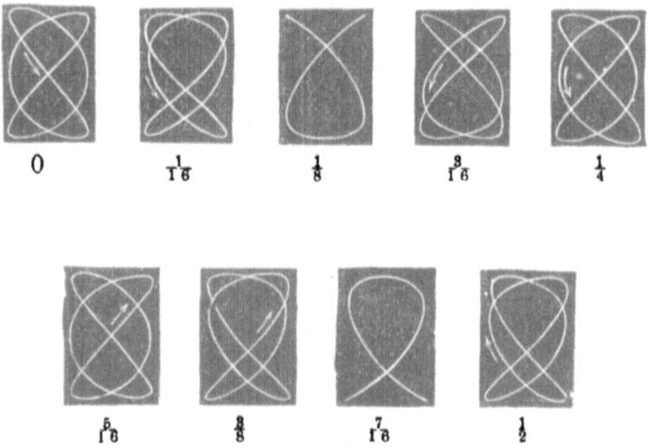
Phase 0 $\frac{1}{16}$ $\frac{1}{8}$ $\frac{3}{16}$ $\frac{1}{4}$
$\frac{5}{16}$ $\frac{3}{8}$ $\frac{7}{16}$ $\frac{1}{2}$

Fig. 29.

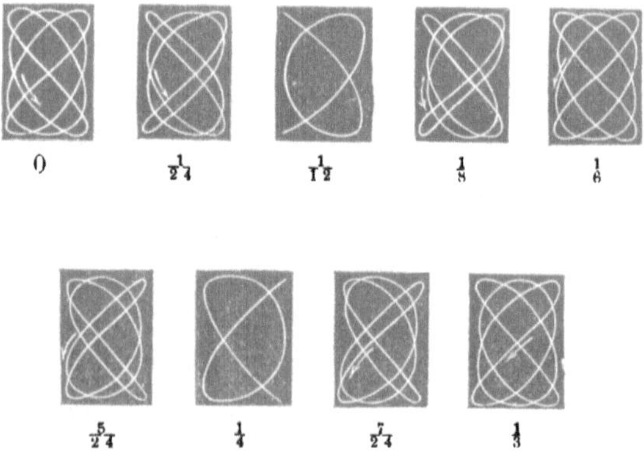
Phase 0 $\frac{1}{24}$ $\frac{1}{12}$ $\frac{1}{8}$ $\frac{1}{6}$
$\frac{5}{24}$ $\frac{1}{4}$ $\frac{7}{24}$ $\frac{1}{3}$

Fig. 30.

Daß sich diese Figuren wirklich aus zwei auf einander senkrechten Bewegungen combiniren, läßt sich leicht mit Hilfe des Apparates von Lissajous zeigen. An der einen Zinke einer aufrecht stehenden Stimmgabel ist ein kleiner Spiegel befestigt, auf welchen ein Lichtstrahl geleitet wird; dieser wird von dem Spiegel reflectirt und erzeugt an der gegenüberliegenden Wand einen hellen Punkt: versetzt man nun die Stimmgabel in Schwingungen, so verlängert sich der Lichtpunkt in einen verticalen Lichtstreifen. Legt man aber die Stimmgabel horizontal, so erhält man einen horizontalen Lichtstreifen. (Als Lichtquelle kann man entweder die Sonne benutzen, indem man ein Bündel paralleler Strahlen durch eine feine Oeffnung im Laden eines dunkeln Zimmers einfallen läßt, oder eine hellbrennende Lampe, deren Flamme durch einen cylindrischen Schirm, der nur ein kleines Loch zum Durchlassen einiger Lichtstrahlen besitzt, verdeckt ist). Läßt man ein Bündel Lichtstrahlen zuerst auf

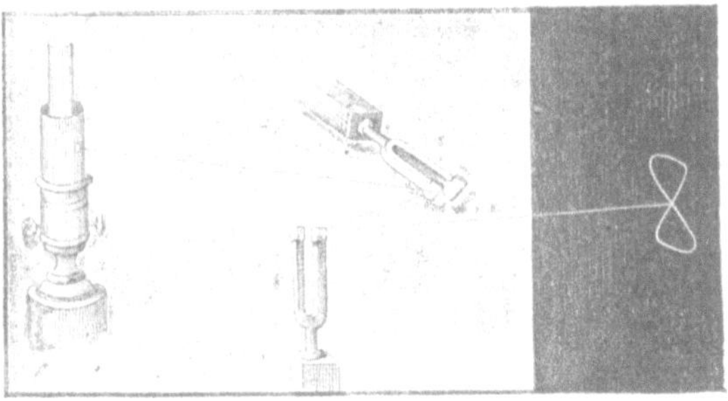

Fig. 31.

den Spiegel einer horizontal liegenden Stimmgabel fallen und stellt eine vertical stehende Stimmgabel so auf, daß der von der ersteren Stimmgabel reflectirte Strahl auf den Spiegel der zweiten fällt (Fig. 31), so zeigen sich, wenn beide Gabeln in Schwingungen versetzt werden, dieselben Figuren wie beim Kaleidophon.

Die Art der Figuren hängt davon ab, ob die Stimmgabeln im Einklang, oder im Verhältniß des Grundtones zur Octave, Quinte oder Quarte stehen. In jedem dieser Fälle können sich aber verschiedene Figuren zeigen, je nachdem die eine Stimmgabel ihre Schwingungen gleichzeitig mit der andern beginnt (Phase 0), oder ihr um irgend einen Bruchtheil einer Schwingung vorangeht (Phase $\frac{1}{8}$, $\frac{1}{4}$, $\frac{1}{2}$, $\frac{5}{8}$, $\frac{3}{4}$, $\frac{7}{8}$). Sind die Stimmgabeln nicht ganz exact gestimmt, so kann im Verlauf der Schwingungen die Figur nicht erhalten bleiben; war z. B. die eine Stimmgabel anfangs um $\frac{1}{4}$ Schwingung vorangeeilt, so wird sich zuerst die Figur zeigen, welche Phase $\frac{1}{4}$ entspricht; nach und nach werden die Figuren erscheinen, welche dem Phasenunterschied $\frac{3}{8}$, $\frac{1}{2}$, $\frac{5}{8}$ rc. entsprechen.

Man ist auf diese Weise in der Lage beurtheilen zu können, ob zwei Stimmgabeln absolut rein gestimmt sind, oder nicht; ist die Stimmung tadellos, so darf die Figur im Verlauf der Schwingungen nicht wechseln; je langsamer ferner der Wechsel, umsomehr kommt die Stimmung der absoluten Reinheit nahe. (Methode von Lissajous zur Abstimmung der Stimmgabeln.) Auch das Mikroskop hat man zu Hilfe genommen, um aus den Schwingungscurven die Schwingungsverhältnisse zweier Körper zu erkunden. Schraubt man an einem Mikroskop die Objectivlinse ab und befestigt sie an einer Stimmgabel, so macht sie die schwingende Bewegung derselben mit; befindet sich der Objectivlinse gegenüber irgend ein helles Pünktchen, z. B. ein Stärkemehlkörnchen, so scheint sich dasselbe in gerader Linie hin- und herzubewegen, wenn die Stimmgabel schwingt. Figur 32 zeigt, wie man mit Hilfe eines Mikroskops M das Schwingungsverhältniß zweier Stimmgabeln auffinden kann. An der einen Zinke der horizontal liegenden Stimmgabel A ist das Objectiv o eines Mikroskops befestigt; unterhalb desselben ist auf dem einen Schenkel einer vertical stehenden Gabel ein Punkt p markirt, den man durch das Mikroskop deutlich erblicken kann. Schlägt man die Stimmgabel A an, so sieht man den Punkt p in der Richtung ab; schlägt man

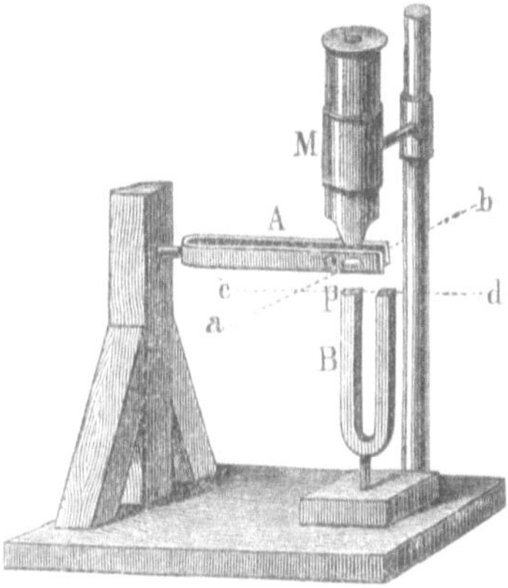

Fig. 32.

die Stimmgabel B an, so sieht man ihn in der Richtung cd, welche auf ab senkrecht steht, sich bewegen. Werden beide Stimmgabeln zugleich vibriren lassen, so combiniren sich die zwei auf einander senkrechten Bewegungen und es müssen sich wieder die Figuren von Lissajous zeigen. Bleibt eine und dieselbe Figur im Verlauf der Bewegung stets erhalten, so ist die Stimmung rein.

Statt der Stimmgabel B hätte man auch eine Saite anwenden können, an der man gerade unterhalb des Objectivs o ein kleines Stärkemehlkörnchen befestigt hätte.

Auch bei flüssigen und gasförmigen Körpern lassen sich die Schwingungen nachweisen. Um z. B. zu zeigen, daß bei den Wasserwellen die einzelnen Wassertheilchen in kreisförmigen oder elliptischen Bahnen sich bewegen, wirft man bekanntlich kleine Bernsteinkügelchen, welche dasselbe specifische Gewicht wie das Wasser haben, in dasselbe und sieht nun, welche Curven sie beschreiben; wie man hieraus die Wellenlinie construiren kann, wollen wir hier nicht weiter erörtern (vergleiche Naturkräfte I. Bd., die Lehre vom Schall von Radau, S. 184 u. ff.).

Bei den Luftschwingungen, sowohl den tönenden, als denjenigen, welche einen Ton fortpflanzen, entstehen abwechselnd Verdichtungen und Verdünnungen (Knoten), zwischen denen sich Luft von gewöhnlicher Dichtigkeit befindet (Bäuche). Die Luft in den Schwingungsbäuchen bewegt sich bald nach einem Knoten hin, bald von ihm weg, wodurch abwechselnd Verdichtung und Verdünnung an den Knoten entsteht. In den Bäuchen ist die Luft in lebhaftester Bewegung, an den Knoten ist sie fast in Ruhe. Um die lebhafte Bewegung der Luft in den Bäuchen zu zeigen, läßt man in eine vorn durch eine Glasplatte verschlossene Orgelpfeife (Fensterröhre, Fig. 33) eine in einen Rahmen gespannte Scheibe m von Pergamentpapier, welche mit Sand bestreut ist, eintauchen; befindet sich die Scheibe an der Stelle eines Bauches und bringt man die Pfeife zum Tönen, so kommt der Sand in lebhafte Bewegung. Um die abwechselnde Verdichtung und Verdünnung an den Knoten sichtbar zu machen, hat König in Paris eine höchst sinnreiche Vorrichtung, den Flammenzeiger hergestellt. In der einen Seitenwand einer Orgelpfeife sind kleine Oeffnungen angebracht, in welche je ein kleines rundes Kästchen k (Fig. 34) eingesetzt wird, das auf der der Pfeife zugekehrten Seite mit einer elastischen Haut verschlossen ist. Von der Mitte der Vorderwand geht eine Röhre r aus, welche sich rechtwinklig nach oben biegt und in eine feine Spitze s endigt. Die Kästchen k können mit der Gasleitung des Hauses in Verbindung gesetzt werden.

Bringt man nun die Pfeife zum Tönen und bildet sich etwa in der Mitte derselben ein Knoten, so wird hier die

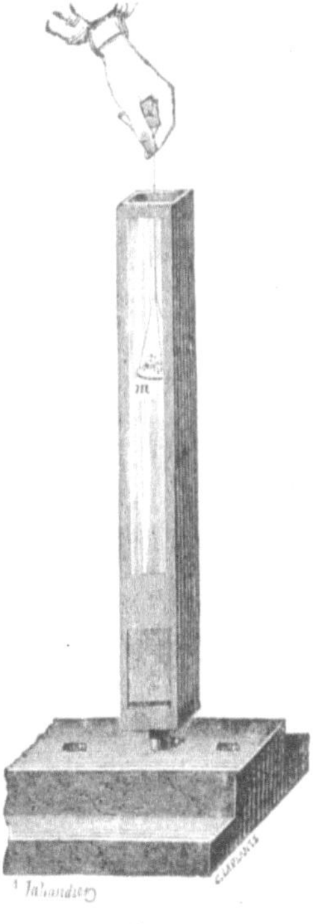

Fig. 33.

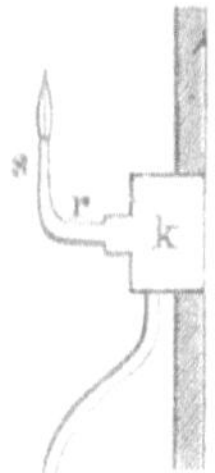

Fig. 34.

Luft abwechselnd verdichtet und verdünnt; die verdichtete Luft drückt gegen die elastische Wand des Kästchens k, comprimirt das Gas und treibt es rascher durch die Spitze s, so daß die Flamme höher brennt; die verdünnte Luft da=

gegen gestattet dem im Kästchen k enthaltenen Gase sich ausdehnen, weshalb die Flamme sich niedriger stellt. Gibt z. B. die Pfeife den Ton a, dem 440 Schwingungen in der Secunde entsprechen, so hebt und senkt sich die Flamme 440 mal in der Secunde (wenn sie durch das heftige Schwingen nicht ganz erlischt). Bemerkenswerth ist dabei, daß die Flamme nicht blos sich hebt und senkt, sondern eigentlich erlischt und sich wieder entzündet. Dieß kann man auf folgende Art constatiren; man stellt der Flamme gegenüber einen Spiegel auf, welcher sehr rasch umgedreht wird; alsdann sieht man die Flamme jeden Augenblick an einer andern Stelle des Spiegels, resp. man bemerkt, wenn die Pfeife nicht tönt, ein zusammenhängendes Lichtband von der Höhe der Flamme; wenn aber die Pfeife tönt, so zeigt sich eine ganze Reihe von Flammen, welche durch dunkle Zwischenräume getrennt sind (Fig. 35).

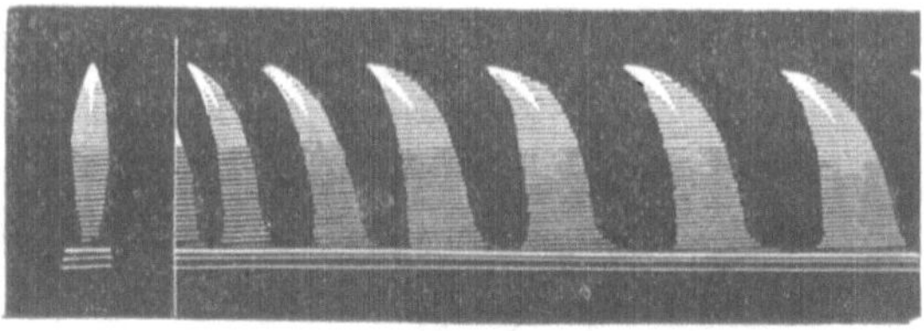

Fig. 35.

Das Heben und Senken der Flammen geht so rasch, daß die Wärme an der Spitze s noch groß genug ist, um das Gas wieder zu entzünden, wenn es auch momentan erloschen ist. In gleicher Weise läßt sich zeigen, wie sich eine singende Flamme verhält. Schon Huggins hatte 1777 bemerkt, daß wenn man über ein Wasserstoffflämmchen eine Glasröhre hält, ein sehr heller und starker Ton entsteht —

chemische Harmonika. Im Jahre 1857 machte darauf Graf Schaffgotsch in Berlin die Bemerkung, daß auch ein kleines Gasflämmchen, welches im Innern einer Glasröhre brennt (Fig. 36) bei stärkerem Gasdruck einen Ton hervorrufen kann. Singt das Flämmchen und schraubt man es etwas größer, so hört es zu singen auf; singt man aber nun den Ton, welchen das Flämmchen vorher gegeben hatte, so verlängert es sich sehr bedeutend und singt den Ton dauernd nach, wenn man auch zu singen aufhört. Schon mit freiem Auge sieht man das Flämmchen zittern; stellt man aber wieder einen Spiegel vor demselben auf und dreht ihn rasch um, so erhält man eine ganze Reihe von Flammenbildern, welche durch dunkle Zwischenräume getrennt sind; die Flamme tanzt im Takt mit den Schwingungen der im Innern der Glasröhre befindlichen Luft, erlischt und entzündet sich wieder. Das Flämmchen kommt dadurch ins Tönen, daß das Gas sich an den Wänden der feinen Ausströmungsöffnung reibt und dadurch in zitternde Bewegung geräth; hat die Glasröhre die richtige Länge, so kommt die Luft in derselben ebenfalls in Schwingungen und tönt mit. Bringt man umgekehrt die Luft ins Tönen und ist das Gasflämmchen nahe daran selbst in Schwingungen zu gerathen, so wird es mit in die Bewegung hineingezogen. Daß das Flämmchen hoch und blau brennt, wenn es tönt, hat seinen Grund in Folgendem: Jedesmal wenn die Flamme erlischt, hat das Gas Zeit aufwärts zu strömen und sich mit Luft zu mischen; entzündet nun die Flamme wieder, so erzeugt der zu größerer Höhe aufgestiegene, mit Luft vermischte Gasstrom eine lange, bläuliche Flamme.

Fig. 36.

Wie man zusammengesetzte Töne (Klänge) mit Hilfe der Flammenbilder dem Auge veranschaulichen kann, soll hier, wo es nur darauf ankommt, nachzuweisen, daß der Schall auf Schwingungen beruht, nicht weiter ausgeführt werden.

Untersuchen wir nun etwas genauer, auf welche Weise die Töne resp. die Schallschwingungen hervorgerufen werden. Schlägt man mit dem Hammer auf den Ambos, oder mit der Stimmgabel auf einen festen Körper, so setzt sich die Energie der fortschreitenden Bewegung in Energie der schwingenden Bewegung um. Dabei ist es nothwendig, daß nach dem Anstoß dem in Schwingungen zu setzenden Körper Spielraum gelassen wird, um seine Schwingungen ausführen zu können. Ließe man den Hammer nach dem Stoß auf dem Ambos liegen, oder drückte die Stimmgabel gegen den Tisch, so würde kein deutlicher und anhaltender Ton entstehen; dagegen würden die Körper heißer werden: es würden im Innern derselben andere Schwingungen der kleinsten Theilchen sich bilden, auf denen, wie wir später kennen lernen werden, die Wärmeerscheinungen beruhen. Aehnlich ist es, wenn ein Ton allmälig erstirbt; was ist aus der Energie der schwingenden Bewegung, welche den Schall erzeugt hat, geworden? Wegen der unvollkommenen Elasticität der Körper, der sog. inneren Reibung, haben sich die Schallschwingungen allmälig in Wärmeschwingungen verwandelt.

Soll durch Reibung ein Ton erzeugt werden, so darf ebenfalls keine continuirliche Berührung stattfinden; daher entsteht leichter ein Ton, wenn die einander berührenden Körper rauh, als wenn sie glatt sind; man bestreicht deshalb einen Violinbogen mit Colophonium; die kleinen Harzkörnchen halten einen Augenblick die Saite fest und reißen sie fort, um sie wieder loszulassen, wieder festzuhalten rc. Während die Saite losgelassen ist, hat sie Zeit in Schwingungen zu gerathen und durch mehrmaliges Anfassen und Loslassen wird die schwingende Bewegung verstärkt. Aehnlich ist es, wenn durch Reibung eines Hemmschuhs an einem Wagenrad ein Ton entsteht.

Soll eine Glasröhre der Länge nach gerieben in tönende Schwingungen versetzt werden, so bestreut man die Finger,

Fig. 37.

oder einen Lappen mit Colophonium; oder man nimmt einen feuchten, dicken Lappen; ist der Lappen dünn, so läßt er wegen des starken Drucks der Hand die Glasröhre nicht los; ist der Lappen sehr dick und trocken, so faßt er die Röhre nicht fest genug, er läßt sie zu leicht los; ist der Lappen zu naß, so faßt er auch nicht. Sehr regelmäßig wird dieses Anfassen und Loslassen bei der Sirene von

Savart, der sog. großen Schnarre (Fig. 37) hervorgebracht. Ein gezahntes Rad wird durch ein Getriebe und ein größeres Rad, welches letztere durch eine Kurbel in Bewegung gesetzt wird, umgedreht; dem gezahnten Rade gegenüber steht ein kleines Metallplättchen, welches, wenn ein Zahn an ihm vorübergeht, angefaßt und bei der folgenden Lücke wieder losgelassen wird. Hier wird also der schwingende Körper bei jeder einzelnen Schwingung erfaßt und wieder losgelassen, was in anderen Fällen nicht in so regelmäßiger Weise geschieht. Zugleich kann man, was wir nur beiläufig bemerken wollen, die Zahl der Schwingungen per Secunde genau feststellen, wenn mit dem Apparat ein Zählwerk verbunden ist.

Ebenso wie äußere Bewegung (Reibung, Stoß, Schlag) sich in Schallschwingung umsetzen kann, ebenso kann auch die schwingende Bewegung eines Körpers sich auf einen andern übertragen (Mittönen, Resonanz).

Manche Körper können sich fast allen Schwingungen anbequemen, wie z. B. Metall- und Holzscheiben; andere, wie Luftsäulen, gespannte Saiten rc. nehmen nur Schwingungen von einer oder mehreren ganz bestimmten Schwingungszahlen an.

Sehr auffallend und mit dem Gesetz von der Erhaltung der Energie scheinbar in Widerspruch stehend ist die außerordentliche Verstärkung des Tones, welche durch das Mittönen von Resonanzböden und -Kästen hervorgebracht wird.

Schlägt man eine Stimmgabel an und hält sie frei in die Luft, so hört man kaum einen Ton; es rührt dieß daher, daß die Stimmgabelzinken zu wenig breit sind und nur eine sehr geringe Masse Luft in Bewegung setzen können; stellt man sie aber nach dem Anschlag auf eine Tischplatte, so wird der Ton sehr laut; die schwingende Platte setzt eine große Menge Luft in Bewegung und sendet eine große Zahl von Schallwellen ins Ohr.

Auffallend ist dabei, daß die kleine Gabel eine so gewaltige Masse wie die Tischplatte in heftige Erzitterungen zu versetzen vermag. Es könnte fast scheinen, als ob die Energie der schwingenden Bewegung der Platte viel größer als die der Gabel sein müsse und daß hier eine Verletzung des Gesetzes von der Erhaltung der Energie vorliege. Dieser Fall ist wichtig genug, um ihn etwas genauer zu betrachten. Wenn ein Pendel (oder eine Schaukel) ganz leise angestoßen wird und jedesmal, wenn es auf seinen höchsten Punkt auf der einen Seite angekommen ist, einen, wenn auch sehr leisen Stoß nach der andern Seite erhält, so wird es schon nach wenigen Schwingungen in sehr weite Excursionen gebracht worden sein. Würden aber die Stöße nicht gerade in dem Moment erfolgen, wo das Pendel ohnedieß zurückgehen wollte, so würde es in seiner Bewegung gehemmt werden und man könnte auf diese Art selbst ein sehr stark schwingendes Pendel schnell zur Ruhe bringen.

Setzt man eine angeschlagene Stimmgabel, welche etwa 440 Schwingungen in der Secunde macht, mit ihrem Stiel auf eine Tischplatte, so erhält dieselbe 440 Anstöße in der Secunde, und da sich die Tischplatte der Schwingungsweise der Gabel anbequemen kann, so wird sie bald mit ihr unisono schwingen, so daß die Stöße immer nach der Richtung erfolgen, nach welcher die Theilchen, welche mit dem Stiel der Gabel in Berührung sind, ohnedieß sich bewegen wollen.

Eine Gabel, deren Zinken einigermaßen weite Excursionen machen, hat wegen der großen Dichtigkeit und Zähigkeit des Eisens eine sehr bedeutende Energie; die Theilchen der Tischplatte, welche jedenfalls viel kleinere Schwingungen ausführen als die Stimmgabelzinken, haben zusammen eine höchstens eben so große Energie als die Theilchen der schwingenden Gabel; da aber die Tischplatte sehr breit ist, so gehen von ihr eine große Anzahl von Luftwellen aus, welche ins Ohr gelangen und eine lebhafte Empfindung hervorrufen. Huygens hat das Princip aufgestellt, daß ein einzelner Lichtstrahl keinen Eindruck auf das Auge hervorbringt; eine namhafte Bewegung des Sehnervs tritt erst dann ein, wenn eine ganze Anzahl Lichtwellen von nahegelegenen Punkten ausgehend ins Auge gelangen; ganz gerade so ist es bei den Schallwellen. Es ist nicht sowohl die große Energie der schwingenden Bewegung der Tischplatte, als die große Zahl der Luftwellen, welche von ihr ausgehen, daran schuld, daß der Ton durch dieselbe so sehr verstärkt wird.

Die Luft ist eine sehr dünne Masse, welche den viel dichteren Stoff des Trommelfells nur schwer in hinreichende Bewegung zu setzen vermag. Kommen indessen gleichzeitig mehrere Wellen im Ohr an, welche die in ihm befindliche Luft nach derselben Richtung anstoßen, so kann die Energie der Bewegung so groß werden, daß auch das Trommelfell in lebhafte Erschütterung versetzt wird. Mehrere kleine Steine neben einander ins Wasser geworfen, bringen an bestimmten Punkten eine größere Wirkung hervor, als ein großer Stein, weil an einzelnen Stellen sämmtliche Berge, an anderen sämmtliche Thäler zusammentreffen und bedeutend erhöhte Berge und stark vertiefte Thäler erzeugen (Näheres hierüber bei der Interferenz des Lichts).

Hält man eine a-Stimmgabel (440 Schwingungen in der Secunde) über eine offene Orgelpfeife, welche angeblasen denselben Ton geben kann, so wird sie lebhaft mittönen; ist die Pfeife nicht auf den Ton a abgestimmt, so wird sie stumm bleiben; in beiden Fällen setzt die schwingende Gabel die Luft der Pfeife in Bewegung; aber nur bei der a-Pfeife gehen die Schwingungen der Gabelzinken und der Luft in der Röhre unisono, so daß die Anstöße verstärkend wirken.

Nun wird man auch leicht die gewöhnliche Erregungsweise einer Orgelpfeife (Fig. 38) verstehen können. In den Fuß F wird mittelst eines Blasbalges Luft eingeblasen, welche sich in dem oben durch ein Prisma fast ganz verschlossenen Windkessel K stark verdichtet; diese verdichtete Luft setzt die wenige in dem feinen Spalt cd (dem **Mund**) enthaltene in sehr rasche Bewegung, ähnlich wie eine große Kugel einer kleineren, gegen welche sie stößt, eine größere Geschwindigkeit ertheilen kann, als sie selbst besitzt; die aus dem Mund cd geschleuderte Luft fliegt gegen die Oberlippe, wird wieder zurückgeworfen &c. und geräth in Schwingungen mit sehr weiten Excursionen. Uebrigens werden die Schwingungszahlen der einzelnen Lufttheilchen sehr variiren und es wird immer einige geben, welche ebensoviel Schwingungen in der Secunde machen, wie die Luft in dem oberen Theil der Orgelpfeife, wenn sie im Tönen begriffen ist. Diese vor der Oberlippe schwingenden Lufttheilchen nun setzen die in der Pfeife enthaltene Luft in derselben Weise in Bewegung, wie eine Stimmgabel, welche denselben Ton gibt, den auch die Pfeife geben kann. Die Lufttheilchen in der Pfeife werden aber weitaus nicht so große Excursionen machen und keine größere Energie besitzen, wie die vor dem Mund und der Pfeife schwirrenden Theilchen; doch aber hören wir den Ton deutlich, weil eine größere Zahl von Wellen immer einen lebhafteren Eindruck auf unser Ohr machen.

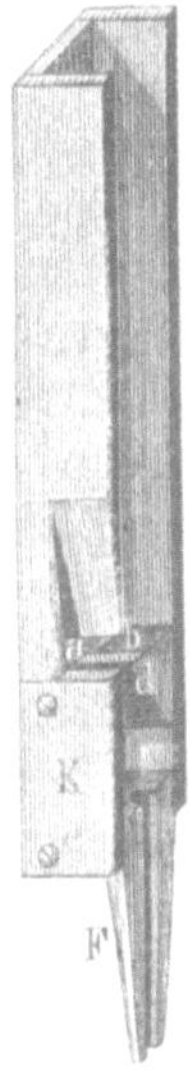

Fig. 38.

Hiermit dürfte das Gesetz von der Erhaltung der Energie auch für die erwähnten Fälle, welche ihm zu widersprechen scheinen, als giltig nachgewiesen sein.

Die Schallschwingungen können aber nicht blos durch fortschreitende Bewegungen anderer Körper, sondern auch durch Wärme, Electricität, chemische Processe 2c. hervorgerufen werden. Diese Bewegungsweisen sind freilich praktisch genommen ziemlich untergeordneter Natur, theoretisch dagegen sind sie insofern von Bedeutung, als damit die Umsetzbarkeit aller Arten von Naturerscheinungen in einander klargestellt und wir damit zu dem Schlusse berechtigt sind, daß alle Naturerscheinungen auf demselben Princip, dem der Bewegung basiren.

Die Umwandlung von Wärme, Electricität 2c. in Schallschwingungen geht freilich nicht immer direct vor sich; wenn z. B. der Wind im Freien oder in Kaminen mehr oder minder verworrene Geräusche, manchmal aber auch ganz klare Töne hervorbringt, so hat man es ursprünglich wohl mit einer Wärmewirkung zu thun; Wind und Luftzug wird ja überhaupt durch ungleichmäßige Erwärmung hervorgerufen; die fortschreitende oder wirbelnde Bewegung der Luft muß aber erst durch Reibung an andern Körpern in zitternde; (schwingende) Bewegung übergeführt werden.

Aehnlich ist es bei dem Versuch von Trevelyan (1829). Legt man auf ein Bleiklotz (Fig. 39) ein unten abgerundetes

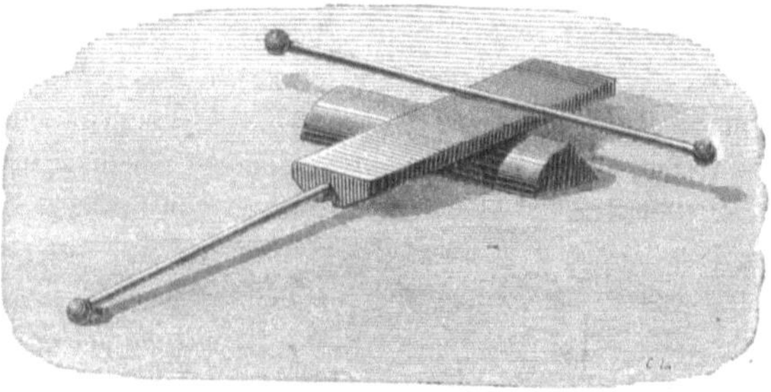

Fig. 39.

und mit einer Rinne versehenes Stück Kupfer (den Wieger oder Wackeler), welches etwas über 100° C. erhitzt ist, so fängt dasselbe an sich rasch hin und her zu bewegen und erzeugt einen sehr deutlichen hohen Ton, namentlich, wenn der an dem Wieger befestigte Stiel an dem Ende, wo er die Unterlage berührt, gut abgerundet ist. Um die Bewegung des Wiegers deutlicher zu machen, legt man eine längere Stange über denselben, an der man die Bewegung in vergrößertem Maßstab erblicken kann. Sobald das heiße Kupfer das Blei berührt, wird dieses erwärmt und bläht sich an der Berührungsstelle auf; der Wieger neigt sich nach der andern Seite, erwärmt das Blei an dieser Stelle, worauf er wieder zurückschwingt ꝛc.

Das Tönen der Memnonssäule bei Aufgang der Sonne schreibt man den Luftströmungen zu, welche im Innern der mit vielen Ritzen und Spalten versehenen Säule hervorgerufen werden, wenn dieselbe einseitig erwärmt wird. Andere erklären diese Erscheinung aus der ungleichen Erwärmung des Materials der Säule (Quarzit) selbst. Aehnliche Wirkungen bringt die Sonne an dem „musikalischen Glockenberg“ auf der Halbinsel Sinai am rothen Meer hervor; der ganze steile, aus Quarz bestehende Berg soll dabei zu beben scheinen und der Sand unter den Füßen erzittern. Ebensolche Klänge vernimmt man am Gebel Nakus in Arabia Petrāa und am Rey=Rawan bei Kabul.

Ebenso beruht die Erscheinung, daß eine leere Kochflasche, welche mit dem (offenen) Hals nach oben einige Zeit erhitzt worden, beim Umdrehen einen lauten Ton erzeugt, auf einer Wärmewirkung. Sobald das Glas nicht mehr über der Flamme steht, kühlt sich die Luft im Innern ab und zieht sich zusammen; in Folge dessen strömt von unten die äußere Luft ein, wird aber alsbald an den noch heißen Wänden erhitzt, dehnt sich aus und bewegt sich wieder nach unten, worauf alsbald wieder neue Luft eintritt, um sich sogleich darauf wieder nach unten zu bewegen ꝛc. Hier wird der Ton noch unmittelbarer als bei den vorhin erwähnten Erscheinungen durch die Wärme veranlaßt.

Die Schallwirkungen, welche durch chemische Processe hervorgerufen werden, namentlich die heftigen Detonationen bei Explosionen entstehen meist durch starke Ausdehnung der Körper; bei der Entzündung von Pulver z. B. bilden sich Gase, welche viel mehr Raum einnehmen als das Pulver selbst und bei ihrer plötzlichen Ausdehnung die Luft in die heftigste Erschütterung versetzen.

Auch durch electrische Erscheinungen können tönende Schwingungen hervorgerufen werden, wenn auch die bis jetzt aufgefundenen Ergebnisse in akustischer Beziehung von geringem Belang sind. Bei vielen dieser Erscheinungen, wie z. B. bei dem auf den Blitz folgenden Donner und dem Knistern des electrischen Funkens ist die Electricität offenbar nur indirecte Veranlassung der Schallbewegung: höchst wahrscheinlich wird durch die electrische Entladung zunächst Wärme und durch diese ein verdünnter Raum erzeugt, in welchen die umgebende Luft einstürzt.

Eine jedenfalls directe Wirkung der Electricität ist das Brausen und Tönen der Telegraphendrähte, wenn ein Strom durch dieselben hindurchgeht. Außerdem haben Marrian, Page und Wertheim gezeigt, daß ein Stahldraht im Innern einer mit übersponnenem Kupferdraht umwickelten Spule ins Tönen geräth, wenn ein Strom durch die Drahtwindungen discontinuirlich fließt, d. h. wenn der Strom rasch hinter einander geschlossen und geöffnet wird. Der Ton, welchen der Draht gibt, ist identisch mit dem Longitudinalton (welchen der Draht gibt, wenn er der Länge nach gerieben wird). Die Häufigkeit der Stromunterbrechungen ist dabei ohne Einfluß auf die Tonhöhe.

Auch wenn der Strom durch den Draht selbst geleitet wird, kommt er ins Tönen.

Die wahrscheinliche Ursache dieser Schallbewegungen besteht darin, daß das Eisen, wenn es magnetisch wird, sich (etwa um 1/270000) verlängert, und wieder auf seine frühere Größe zurückgeht, wenn es (durch Unterbrechung des Stromes) wieder unmagnetisch wird.

Reis (in Friedrichsdorf) hat sogar versucht, wenn auch nicht mit hinreichendem Erfolg, das galvanische Tönen zu einer Art Tontelegraphie auszubilden (Telephon).

Umgekehrt kann der Schall Naturerscheinungen anderer Art, mechanische, thermische, electrische rc., wenn auch in sehr beschränktem Maße hervorbringen. Die Schallschwingungen erfolgen mit verhältnißmäßig geringerer Geschwindigkeit und setzen sich nur schwer in solche Bewegungen um, denen eine weitaus größere Schwingungszahl entspricht.

Von den mechanischen Wirkungen des Schalles haben wir bereits das Abspringen der eine tönende Glocke berührenden Holzkügelchen und das Hüpfen des Sandes auf angestrichenen Glasscheiben, sowie auf der an einem Schwingungsbauch einer Orgelpfeife befindlichen Membran und des Korkstaubs in der Kundt'schen Röhre erwähnt.

Spannt man einen langen runden Stab, der am einen Ende von einem Holzkügelchen berührt wird, in der Mitte ein und reibt das andere Ende mit einem geharzten Lappen, so fliegt die Holzkugel weg. Singt man in ein weites Glas den Ton, welchen auch die im Glas enthaltene Luftsäule geben kann, kräftig hinein, so kann es vorkommen, daß das Glas zerspringt. Dieser Erscheinung wird schon im Talmud gedacht: Hat ein Hahn seinen Hals in ein Glas gesteckt und hineingekräht, so daß es zerbrochen ist, so soll der ganze Schaden erstattet werden; ein Pferd, das wiehert, oder ein Esel, der schreit und ein Gefäß zerbricht, zahlt die Hälfte des Schadens.

Wenn man eine etwa 1—2 Meter lange und mehrere Centimeter weite Glasröhre am einen Ende mit einem geharzten Lappen heftig reibt, so kann es vorkommen, daß am andern Ende ringförmige Stücke abspringen, wie Savart zuerst gezeigt und Tyndall bei wiederholten Versuchen bestätigt gefunden hat.

Die thermischen und optischen Wirkungen, welche der Schall hervorzubringen vermag, werden wir später bei Besprechung der Wärme- und Lichterscheinungen näher erörtern.

Nur von geringem Belang sind die electrischen Wirkungen, welche durch den Schall erzeugt werden können; so hat man z. B. beobachtet, daß Glasscheiben an den Stellen der Knotenlinien (Chadni'sche Klangfiguren) Spuren von Electricität zeigen. Ebenso wird eine schwingende Saite, welche aus zwei Metallen z. B. aus Eisen und Messing besteht, an der Zusammenfügungsstelle, falls diese kein Knotenpunkt ist, schwach electrisch.

Wir haben durch das Vorstehende gezeigt, daß der Schall auf schwingenden Bewegungen beruht und daß das Gesetz von der Erhaltung der Energie überall eingehalten ist. Zugleich wird kein Zweifel darüber obwalten können, daß die gewöhnliche Materie es ist, welche bei den Schallschwingungen in Bewegung gesetzt wird — durch den leeren Raum pflanzt sich der Schall nicht fort, wie der bekannte Versuch beweist, daß ein Schlagwerk nicht mehr gehört wird, wenn man es unter die Luftpumpe stellt und die Luft auspumpt.

Die höchst interessante Frage, wie viel Arbeit verrichtet werden muß, um einen gewissen Ton zu erzeugen, oder umgekehrt, wie viel mechanische Arbeit ein schwingender Körper z. B. eine tönende Stimmgabel verrichten kann, hat bis jetzt noch nicht gelöst werden können — das mechanische Aequivalent des Schalles ist noch nicht gefunden.

Die anderen Erscheinungen in der Natur, wie die der Wärme, des Lichts und der Electricität sind nicht so leicht zu entziffern, da die Bewegungen, auf welchen sie nach der Meinung der Naturforscher beruhen, so klein sind, daß sie kaum durch directe Beobachtung constatirt werden können und da außer der gewöhnlichen Materie noch ein hypothetischer Stoff, der Aether, angenommen werden muß, um alle Erscheinungen erklären zu können. In welcher Beziehung dieser „Aether“ zu der gewöhnlichen Materie steht, ob er von derselben wesentlich verschieden ist, oder dieselbe nur in ihrer äußersten Verdünnung repräsentirt, werden wir im Verlaufe unserer Darstellung auseinanderzusetzen Gelegenheit finden.

VI. Die Umsetzung kinetischer Energie in calorische und das mechanische Aequivalent der Wärme.

1.

Es wäre ein Irrthum, wenn man glauben wollte, daß die Theorie über irgend eine Gruppe naturwissenschaftlicher Erscheinungen, welche heutzutage allgemeine Giltigkeit erlangt hat, auch erst der heutigen Zeit ihre Entstehung verdankte. Anklänge an die jetzt herrschenden Ansichten finden sich, wie wir bereits früher bemerkt, schon bei den Philosophen und Naturkundigen der alten Welt. Allein es sind dieß eben blos Anklänge, vielfach untermischt mit durchaus irrigen Meinungen, nicht selten lediglich Behauptungen, welche sich nicht auf eine Reihe sorgfältig untersuchter Erscheinungen gründen, kurz philosophische Phantasiegebilde ohne thatsächliche Unterlage. Kein Wunder, wenn die Theorien kamen und gingen und sich im Laufe der Zeit in den verschiedensten Wendungen wiederholten, ohne dauernd Geltung zu erlangen. Eine Theorie kann erst von dem Augenblick an als eine naturwissenschaftliche bezeichnet werden, wo sie auf naturwissenschaftlicher Grundlage aufgebaut wurde; erst von da an konnte sie Einfluß auf die Arbeiten der Naturforscher gewinnen und fruchtbringend auf die Entwickelung der Wissenschaft einwirken. Es hat deshalb keinen besonderen Werth z. B. die obendrein vielfach dunkeln Ansichten des Heraklit über das Feuer u. dgl. hier ausführlich zu erörtern; ja selbst die naturphilosophischen Theorien des Baco von Verulam über das Wesen der Wärme entbehren, obwohl sie nicht selten mit unseren heutigen Ansichten übereinstimmen, einer festen Grundlage, woher denn auch die auffallende Erscheinung kommt, daß von zwei Sätzen, welche direct auf einander folgen, der eine überraschend mit unseren Ideen übereinstimmt, der andere wieder in der merkwürdigsten Weise davon abweicht. Wenn ferner Newton's bestimmter Ausspruch: „die Wärme ist eine schwingende Bewegung in den Körpern", nicht sofort die Wärmelehre in die heutige Bahn einlenkte, so hat dieß theils darin seinen Grund, daß noch nicht genug Thatsachen bekannt waren, welche sich nur auf Grund dieser Ansicht erklären ließen, theils darin, daß Newton nicht auch das Licht für eine schwingende Bewegung erkärte, sondern einen besonderen Stoff, den Lichtstoff annahm, welcher von den leuchtenden Körpern ausgestrahlt werden sollte. Diese Inconsequenz konnte nicht verborgen bleiben; doch aber lag es eben so nahe, beide, Wärme und Licht für eine Art von Bewegung zu halten, als auch beide für „Stoffe" zu erklären und so gingen denn von da an die Stoff- und die Bewegungstheorie unter harten Kämpfen neben einander her.

Eine neue Epoche beginnt mit den Versuchen, welche Graf Rumford gegen Ende des vorigen Jahrhunderts anstellte;

er ließ Kanonenrohre unter Wasser bohren und war erstaunt über die große Menge von Wärme, welche hierbei entstand. Würde man die Wärme als einen Stoff ansehen, so würde man zu sehr gezwungenen Deutungen (die sich übrigens als unrichtig nachweisen lassen), seine Zuflucht nehmen müssen, um das plötzliche Auftreten des Wärmestoffs bei diesem Versuche zu erklären; man hätte nur behaupten können, die Wärmecapacität der compacten Metallmasse sei bedeutend größer als die der Bohrspähne. Die Stofftheorie nämlich sieht die Wärme als eine äußerst feine, der Schwere nicht unterworfene Materie an, welche im Stande ist in die Poren der Körper einzudringen. Wird ein Körper heiß, so bedeutet dieß, daß er eine beträchtliche Menge Wärmestoff in seine Poren aufnimmt; kühlt er sich ab, so tritt Wärmestoff aus. Mit diesem Ein- und Austreten von Wärmestoff bei der Erhöhung und Erniedrigung der Temperatur hängt gleichzeitig die Volumenvergrößerung oder Verkleinerung ab. Nun sind die Poren bei den verschiedenen Körpern von ungleicher Größe, folglich, so meinte man, brauchen auch verschiedene Körper ungleiche Mengen von Wärmestoff, um gleich stark erhitzt zu werden, d. h. um gleich viel in ihrer Temperatur sich zu erhöhen. Dieß stimmte recht gut mit der Thatsache, daß gleiche Gewichtsmengen verschiedener Körper ungleiche Wärmemengen brauchen, um um 1° erhitzt zu werden; — es erklärte sich damit die ungleiche Wärmecapacität der Körper.

Nimmt man nun an, die Bohrspähne, welche bei dem Rumford'schen Versuch entstehen, hätten eine weit kleinere Wärmecapacität als das compacte Metall, so muß das letztere, wenn es in seine Spähne übergeht, eine große Menge Wärmestoff nach Außen abgeben, nämlich das Mehr von Wärme, welche das compacte Metall im Vergleich zu den Bohrspähnen fassen kann. Dabei stellt sich nun freilich das

Ungeheuerliche heraus, daß 873 Gran Bohrspähne, wie sie bei einem der Rumford'schen Versuche entstanden, eine soviel geringere Wärmecapacität haben müßten als das compacte Metall, daß die beim Bohren frei werdende Wärme im Stande wäre 113 Pfund Kanonenmetall um 37° C. in ihrer Temperatur zu erhöhen. Allein, abgesehen von den zahlreichen Einwendungen, welche man gegen diese Auffassung erheben könnte, wird dieselbe schon dadurch direct umgestoßen, daß sich experimentell nachweisen läßt, daß die Bohrspähne dieselbe Wärmecapacität besitzen wie das compacte Metall.

Zugleich bleibt dabei die gewiß höchst gerechtfertigte Frage unbeantwortet: Was ist denn aus der Arbeit geworden, welche man hat verrichten müssen, um das Kanonenrohr zu bohren? Diese Frage bildet sogar den Ausgangspunkt der ganzen neueren Theorie. Ebenso wie die Chemiker früherer Zeit die beim Verbrennen von Holz, Steinkohlen &c. entstehenden Gase gar nicht rechneten und daher zu dem unrichtigen Resultate gelangten, daß die Körper beim Verbrennen an Stoff verlören (bis Lavoisier, welcher alle Producte der Verbrennung berücksichtigte und das Gegentheil als richtig nachwies, nämlich daß die Körper beim Verbrennen an Gewicht zunähmen), ebenso hat man auch früher bei der Erzeugung von Wärme durch Reibung, Bohren, Hämmern &c. die Arbeit, welche dabei verrichtet wird, nicht in Betracht gezogen und nicht daran gedacht, daß Nichts spurlos verschwinden kann.

Ein sehr hübscher Vorlesungsversuch, welcher die Umsetzung von Arbeit in Wärme beweisen soll, ist von Tyndall angegeben worden. Eine Messingröhre a (Figur 40) wird durch eine Schwungmaschine in sehr rasche Rotation versetzt; die Röhre ist theilweise mit Wasser gefüllt und durch einen Stopfen verschlossen; wird dieselbe zwischen zwei Holzstücke HH, welche durch ein Charnier verbunden eine

Art Zange bilden, geklemmt, so kostet es beträchtliche Anstrengung die Schwungmaschine zu drehen; dabei aber wird die Röhre a so heiß, daß das Wasser ins Sieden geräth

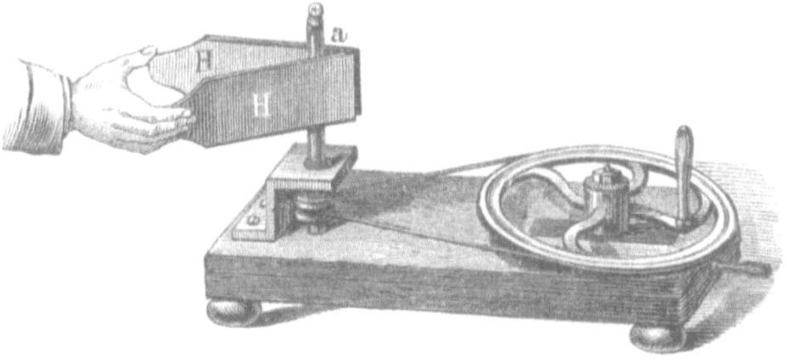

Fig. 40.

und der entstehende Dampf den Stopfen herausschleudert. Hübscher und sicherer gelingend wird der Versuch (wie der Verfasser dieser Schrift gefunden), wenn man Aether in die Röhre gießt und dieselbe durch einen Gummistopfen verschließt, durch dessen Oeffnung eine kleine in eine Spitze auslaufende Glasröhre (Fig. 41) geht; nach 1—2 Minuten wird die Röhre so heiß, daß der Aetherdampf lebhaft durch die Spitze strömt und angezündet eine hohe oberhalb der Spitze schwebende Flamme bildet, in welche der Aetherdampf aus der Glasröhre mit Gewalt hineinbläst. Würde man die Umdrehung der Röhre nicht durch die Zange hemmen, so würde bei gleicher Anstrengung die Bewegung viel rascher erfolgen. Jedesmal, wenn Bewegung gehemmt, vernichtet wird, entsteht an ihrer Statt Wärme; die äußere sichtbare Bewegung verwandelt sich in eine zitternde

Fig. 41.

Bewegung der Körpertheilchen, oder mit andern Worten, es verwandelt sich kinetische Energie in calorische.

Dadurch daß die Achsen der Wagen in den Zapfenlagern Reibung erfahren und die Geschwindigkeit der Bewegung gehemmt wird, erhitzen sich die Achsen oft bis zum Glühendwerden. Schießt man eine Bleikugel gegen eine Mauer, so hört ihre Bewegung plötzlich auf; dabei aber wird die Bleikugel oft so heiß, daß sie schmilzt.

Wenn ein Pendel schwingt, so setzen sich beständig kinetische und potentielle Energie in einander um; allmälig aber wird die Bewegung immer schwächer und schließlich hört sie ganz auf; die Hemmung der Bewegung geschieht durch die Reibung des Pendels an der Luft und am Aufhängepunkte; die gesammte Energie des Pendels verwandelt sich schließlich in Wärme. Ganz dasselbe geschieht, wenn ein Eisenbahnzug beim Einfahren in eine Station durch die Bremsen gehemmt wird. Würde die Erde durch einen Hemmschuh plötzlich zum Stehen gebracht, so würde (nach Thomson) eine Wärmemenge entstehen, die derjenigen gleich ist, welche die Sonne in 81 Tagen ausstrahlt.

Die Sternschnuppen, Meteorsteine ꝛc. werden, wenn sie unserer Erde nahe kommen, von dieser lebhaft angezogen und erwärmen sich, indem sie durch die Atmosphäre fliegend einen Theil ihrer Bewegung durch Reibung an der Luft einbüßen, bis zum Glühendwerden.

Obwohl die Flußbette mehr oder weniger geneigt sind, so nimmt das Wasser der Flüsse doch nicht beständig an Geschwindigkeit zu, was der Fall sein müßte, wenn keine Hemmung der Bewegung stattfände; die unteren Wasserschichten reiben sich am Boden und halten dadurch auch die oberen auf; dieser Umstand bildet eine mächtige Quelle der Erwärmung des Flußbettes und des Wassers.

Hinter einem Wasserfalle fließt der Strom im Allgemeinen nicht schneller als vor demselben; die enorme kinetische Energie, welche das Wasser beim Fallen erlangt, wird also durch den Anprall desselben an die Felsen und das untere Flußbett vernichtet: eine sehr bedeutende Erwärmung muß die Folge sein. Beim Wasserfall von Schaffhausen würde die auf solche Art entstehende Wärme genügend sein, um einen Eisberg wie ein mittelgroßes Haus zum Schmelzen zu bringen.

Fig. 42.

Durch die Anziehung der Erde und namentlich des leichtbeweglichen Wassers auf derselben durch unsern Trabanten, den Mond, wird das Wasser zweimal innerhalb 24 Stunden an demselben Orte gehoben, um dann wieder abzufließen Fig. 42). Das Wasser folgt dem Mond in einer Richtung, welche der der Achsendrehung der Erde entgegengesetzt ist — die Erde dreht sich von Westen nach Osten, der Mond aber geht (dem Anscheine nach) von Osten nach Westen. Das Wasser wird demnach in seiner Bewegung von Westen nach Osten, welche es mit der Erde gemein hat, aufgehalten; es muß deshalb Reibung an der Erde erfahren; hieraus wird eine nicht unbeträchtliche Erwärmung auf Kosten der Umdrehungsgeschwindigkeit der Erde eintreten müssen. Indessen hat man bis jetzt noch keine merkliche Aenderung in der Rotationsgeschwindigkeit der Erde nachzuweisen vermocht, sei es nun, daß andere Umstände diesen Einfluß wieder paralysiren, oder daß erst in sehr großen Zeiträumen eine merkliche Aenderung nachweisbar eintritt.

Die beträchtliche Wärmemenge, welche durch den Stoß gegen eine Gasmasse erzielt werden kann, hat man benutzt, um ein eigenthümliches Feuerzeug, das Luftfeuerzeug (pneumatisches Feuerzeug) herzustellen. Dasselbe besteht aus einer dickwandigen Glasröhre (Fig. 43), in welcher sich ein Kolben luftdicht auf- und abbewegen kann; wird an demselben ein Stück Zunder befestigt und der Kolben heftig eingestoßen, so fängt der Zunder zu brennen an. Leichter gelingt der Versuch, wenn man an den Kolben etwas Baumwolle, welche mit Schwefelkohlenstoff getränkt ist, hängt; man gewahrt alsdann beim Einstoßen des Kolbens einen weißlichen Lichtblitz. Der heftige Stoß des Kolbens versetzt die Luftmoleküle in rasch zitternde Bewegung.

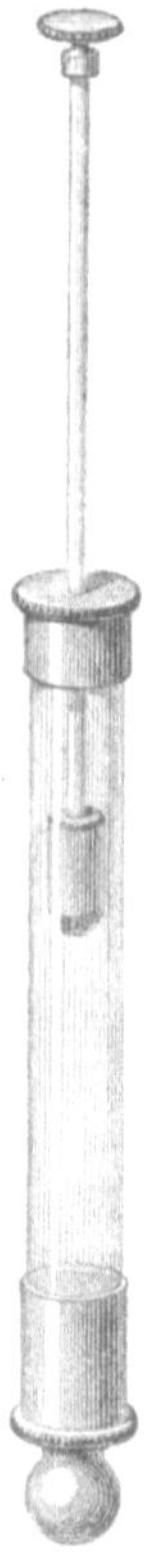

Fig. 43.

Alle vorgetragenen Beispiele zeigen, daß äußere Bewegung, (mechanische Arbeit) in Wärme verwandelt werden kann; es kann aber auch umgekehrt Wärme in Arbeit umgesetzt werden. Das einfachste Beispiel dazu liefern uns die Dampf- und Heißluftmaschinen. Die Moleküle des Dampfes oder der erhitzten Luft stoßen heftig gegen den Kolben und indem sie denselben arbeitverrichtend vor sich hertreiben, verlieren sie selbst an Geschwindigkeit, d. h. sie kühlen sich ab. Nicht unwichtig ist es zu bemerken, daß unter dem Kessel einer in Ruhe befindlichen Dampfmaschine mehr Wärme frei wird, d. h. an die Umgebung übergeht, als wenn die Maschine arbeitet;

es setzt sich ein Theil der Wärme beim Gang der Maschine in mechanische Arbeit um.

Preßt man in einem Blasbalg die Luft zusammen, so strömt sie vorn, wie man mittelst eines feinen Thermometers nachweisen kann, mit etwas erhöhter Temperatur aus; die Arbeit, welche wir beim Zusammenpressen des Blasbalgs verrichten, setzt sich in Wärme um. Man muß dabei das Thermometer nahe an die Ausströmungsöffnung halten, weil in einiger Entfernung davon die Luft sich dadurch wieder abkühlt, daß sie, indem sie sich ausdehnt, die vor ihr befindliche Luft in Bewegung setzt.

Wird Luft in ein Gefäß gepreßt, so erhitzt sich dieselbe; verschließt man nun das Gefäß, bis sich die Luft wieder auf die gewöhnliche Temperatur abgekühlt hat und läßt sie ausströmen, so entsteht Kälte (Fig. 44). Die comprimirte Luft treibt die äußere vor sich her, sie verrichtet Arbeit und muß sich deshalb abkühlen. Man bemerkt diese Abkühlung daran, daß ein dichter Nebel beim Ausströmen der Luft entsteht. Läßt man comprimirte Luft in einen langen am einen Ende geschlossenen Glascylinder strömen, so kühlt sich vorn die Luft ab, während sie sich am hinteren (geschlossenen) Ende erhitzt. Am vorderen Ende treibt die ausströmende Luft die äußere vor sich her, sie verrichtet Arbeit und kühlt sich deshalb ab; am hinteren Ende angekommen, wird plötzlich die Bewegung gehemmt,

Fig. 44.

die äußere Bewegung der ganzen Luftmasse geht durch den Anprall in eine zitternde Bewegung der einzelnen Moleküle über: es verwandelt sich kinetische Energie in calorische. Noch im Jahre 1827 erklärte Faraday, welcher der Stofftheorie anhing, diesen Versuch folgendermaßen: die verdünnte Luft hat eine größere Wärmecapacität als die dichtere; strömt nun die Luft aus dem Gefäß in die Röhre, so verdünnt sie sich, sie kann jetzt mehr Wärmestoff, den sie der Umgebung entzieht, in ihre Poren aufnehmen und daher wird die Umgebung kälter. Am hinteren Ende der Röhre verdichtet sich die Luft, sie entläßt nunmehr eine Menge Wärmestoff aus ihren Poren und deshalb wird die Umgebung heißer.

Befindet sich verdichtete Luft in einem Gefäße, welches mit einem luftleeren durch einen Hahn in Verbindung steht, so wird, wenn man denselben öffnet, die verdichtete Luft in das leere Gefäß mit großer Energie einströmen: der hintere Theil der Luft treibt den vorderen Theil aus, weshalb sich derselbe abkühlt; der vordere Theil aber prallt an die Wände des leeren Gefäßes, seine äußere Bewegung wird gehemmt und setzt sich in Wärme um. Die Abkühlung in dem einen Gefäß ist gleich der Erwärmung im andern und nach kurzer Zeit wird sich die Temperatur in beiden Gefäßen so ausgeglichen haben, daß wieder durchaus die ursprüngliche Temperatur eintritt.

Einen sehr deutlichen Beweis, daß ein Gas sich stärker abkühlt, wenn es eine äußere Arbeit zu leisten hat, als wenn dieß nicht der Fall ist, liefert noch folgende Erfahrung: Ein blind geladenes Geschütz erwärmt sich beim Schießen stärker als ein scharf geladenes, weil im letzteren Fall ein Theil der beim Verbrennen des Pulvers entstehenden Wärme zur Fortbewegung der Kugel verwandt wird.

Es wird nunmehr kein Zweifel mehr darüber sein, daß sich zahlreiche Erscheinungen nach der neueren Theorie ohne

Schwierigkeit erklären lassen und daß die Hypothese über die Verwandlung von kinetischer Energie und calorischer Energie in einander eine wohl begründete ist.

2.

Rumford war der Erste, welcher an einen Zusammenhang zwischen der verrichteten Arbeit und der entstandenen Wärmemenge dachte, und wenn er auch, weil damals der Begriff der Arbeit (welcher erst einige Jahrzehnte später von Poncelet und Coriolis aufgestellt wurde) noch nicht in die Wissenschaft eingeführt war, keine Berechnung über das Verhältniß von Arbeit und Wärme anstellte, so reichen doch seine Daten hin, um an seiner Stelle die Rechnung führen zu können. Wir legen dabei folgenden Versuch von Rumford zu Grunde: Ein Kanonenrohr wurde in einen mit Wasser gefüllten fest verschließbaren hölzernen Kasten gebracht, in dessen Mitte sich dasselbe drehen konnte; der Bohrer stand fest und war mit 10000 Pfund belastet. Das Rohr wurde durch zwei Pferde umgedreht, wobei Rumford bemerkt, daß auch schon ein Pferd genügt haben würde. Das Wasser im Kasten wog 18,77 Pfund; die Anfangstemperatur desselben betrug 16,7° und nach 2½ Stunden fing dasselbe zu kochen an. Dabei bildeten sich 4145 Gran (ca. 17 Loth) Bohrspähne. Mit genauer Berücksichtigung der an die Umgebung verloren gegangenen Wärme, hielt Rumford die entstandene Wärme für ausreichend, um 26,58 Pfund eiskalten Wassers von 0—100° C. oder um 2658 Pfund Wasser um 1° C. zu erhitzen.

Was nun die geleistete Arbeit betrifft, so ist ein Pferd im Stande in 2½ Stunden eine Arbeit von 4950000 Fußpfund (engl.) zu leisten. Um also 1 Pfund Wasser um 1° C.

zu erhitzen, müssen $\frac{4590000}{2658} = 1727$ Fußpfund engl. Arbeit geleistet werden.

Rechnet man dieß in Meterkilogramm um, so erhält man 526,39 M. K. Diese Zahl weicht indessen erheblich von derjenigen ab, welche heutzutage den genaueren Versuchen späterer Physiker entsprechend als richtig angenommen wird.

Am Anfange dieses Jahrhunderts machte Davy einen besonders eclatanten Versuch, welcher zeigen sollte, daß Wärme durch äußere Bewegung entstehen kann: er brachte nämlich zwei Eisstücke, welche unter dem Gefrierpunkt des Wassers erkaltet waren, durch Reibung an einander zum Schmelzen; da nun die Wärmecapacität des Eises unter 0° eben so groß als die des Wassers unter 0° und sogar beträchtlich kleiner als die des Wassers bei oder über 0° ist, so kann die Wärme nicht davon herrühren, daß eine Menge Wärmestoff frei würde, wenn das Eis in Wasser übergeht.

Trotz dieser denkwürdigen und entscheidenden Versuche konnte die neue Theorie nicht sofort Eingang finden; noch im Jahre 1827 suchte Faraday, wie wir bereits erwähnt, ähnliche Erscheinungen aus der Verschiedenheit der Wärmecapacität abzuleiten.

Auch Carnot, welcher im Jahre 1824 das epochemachende Werk „Réflexions sur la Puissance motrice du Feu“ herausgab, steht noch ganz auf dem Standpunkte der Stofftheorie.

Bei einer Dampfmaschine verläßt bekanntlich der Dampf die Maschine mit geringerer Spannkraft und niederer Temperatur, als er in dieselbe eingetreten. Bei einer Hochdruckmaschine tritt der Dampf, welcher ursprünglich mindestens 4 Atmosphären Spannkraft gehabt, beim Verlassen der Maschine in die freie Luft mit einer Spannkraft von 1 Atmosphäre und einer Temperatur von 100° C.; bei einer Niederdruckmaschine geht der verbrauchte Dampf in einen durch kaltes Wasser abgekühlten Raum, den Condensator. Nun meinte Carnot, daß nichts an „Wärmestoff“ verloren ginge, obwohl der Dampf Arbeit verrichten muß; und in der That, wenn die Wärme ein „Stoff“ ist, so kann nichts davon verloren gehen. Es blieb deshalb nur übrig in der Erniedrigung der Temperatur des Dampfes die Quelle der Arbeit zu suchen. Carnot verglich die Dampfmaschine mit einer Wassermühle: wie dort das Wasser aus größerer Höhe auf eine geringere herabfließend das Rad in Gang setzt, so sollte der Dampf, indem er von einer höheren auf eine niedere Temperatur herabgeht, im Stande sein die Maschine zu treiben. Bei der Wassermühle ist die Erklärung ohne Schwierigkeit: es setzt sich, indem das Wasser von einem höheren auf ein tieferes Niveau herabgeht, potentielle Energie in kinetische, d. h. in Arbeit um: die potentielle bleibt also nicht, wie der Wärmestoff erhalten. Bei der Dampfmaschine ist die Arbeitsleistung ohne Wärmeverlust nicht erklärbar: nach der Stofftheorie kann aber beim Sinken der Dampftemperatur nichts verloren gehen: der Wärmestoff, obwohl aus dem Dampf ausgetreten, muß sich in der Luft oder im Condensationswasser wiederfinden: dagegen ist etwas neu entstanden, nämlich mechanische Arbeit. Der berühmte Ingenieur Hirn in Colmar hat nun durch Versuche mit einer Dampfmaschine unzweifelhaft festgestellt, daß beim Gang einer Dampfmaschine wirklich ein Verlust an Wärme eintritt, daß also die mechanische Arbeit der Maschine auf Kosten eines Theils der Wärme des Dampfes verrichtet wird. Uebrigens war es nicht Hirn, welcher zuerst die Theorie von Carnot angriff, sondern Clausius, der große Begründer der mechanischen Wärmetheorie. (1850.)

War Clausius von der Dampfmaschinentheorie Carnot's ausgegangen, so hatte der Arzt J. R. Mayer in Heilbronn bereits im Jahre 1842 das Princip von der Erhaltung der Energie, welches später (1847) von Helmholtz mathematisch begründet wurde, ausgesprochen und namentlich festzustellen gesucht, wie viel Arbeit durch eine gewisse Wärmemenge geleistet werden könne. Mayer erkannte mit vollkommener Klarheit, daß keine Kraft verloren gehen, sondern sich nur in eine andere umsetzen könne: die Kräfte sind unzerstörbare, aber wandelbare Objecte. Wenn eine Kraft verschwindet, so tritt dafür eine andere in äquivalenter Menge ein. Wenn z. B. Bewegung gehemmt wird, so tritt dafür Wärme, Electricität, Licht &c. in äquivalenter, d. h. in solcher Menge auf, daß diese wiederum im Stande wäre so viel Bewegung zu erzeugen, als vorher verschwunden ist.

Mayer suchte demgemäß auch das mechanische Aequivalent der Wärme auf, d. h. die Arbeitsmenge, welche durch eine bestimmte Wärmemenge erzeugt werden kann.

Wir haben schon früher das Maß (die Einheit) der Arbeit angegeben, es ist dies das Meterkilogramm, d. h. die Arbeit, welche geleistet wird, wenn ein Kilogramm ein Meter hoch gehoben wird.

Was nun die Einheit der Wärme betrifft, so hat man dafür diejenige Wärmemenge angenommen, welche nöthig ist, um 1 Kilogramm Wasser von 0° auf 1° zu erhitzen. Man nennt diese Wärmeeinheit bekanntlich eine Calorie.

Das mechanische Aequivalent der Wärme bestimmen heißt angeben, wie viel Meterkilogramm Arbeit durch eine Calorie erzeugt werden kann. Zur Auffindung des mechanischen Aequivalents der Wärme ging Mayer von den Versuchen französischer Physiker (Délaroche, Bérard, Gay-Lussac &c.) aus; er selbst hat eigentlich nur den für eine Berechnung unverwerthbaren Versuch gemacht, daß er Wasser von 12° C. durch Schütteln auf 13° C. gebracht hat.

Mayer hat mit besonderem Glück und Geschick den Versuch aufgefunden, welcher in einfachster Weise die Data zu einer Berechnung liefert.

Erhitzt man Luft in einem geschlossenen Gefäß, so daß sich dieselbe nicht ausdehnen kann, d. h. erhitzt man sie bei constantem Volumen, so hat die zugeführte Wärme lediglich die Temperatur der Luft zu erhöhen. Ist aber das Gefäß nicht fest verschlossen, sondern befindet sich in demselben ein beweglicher, schwerer Kolben, so kann die Luft beim Erwärmen sich ausdehnen und steht dabei unter constantem Druck (unter dem Druck des Kolbengewichts und der äußeren Luft). In diesem Fall braucht man offenbar mehr Wärme um die Luft auf denselben Temperaturgrad zu bringen, als wenn sie bei constantem Volumen erhitzt wird, denn es muß nicht blos die Temperatur erhöht, sondern auch der Kolben gehoben werden. Die Wärmemenge, welche beim Erhitzen unter constantem Druck verbraucht wird, zerfällt also in zwei Theile: der eine dient zur Erhöhung der Temperatur und ist der Wärmemenge gleich, welche beim Erhitzen auf dieselbe Temperatur unter constantem Volumen verbraucht wird; der andere Theil dient zur Verrichtung einer Arbeit, nämlich zum Heben des Kolbens. Nun hatten die französischen Physiker gefunden, daß sich die Wärmemenge, welche bei der Erhitzung unter constantem Volumen verbraucht wird, sich zu derjenigen, welche bei constantem Druck nothwendig ist, wie 1 : 1,41 verhält.

Hieraus berechnete Mayer das mechanische Aequivalent der Wärme zu 367 Meterkilogramm: mit Hilfe einer Calorie wäre man also im Stande eine Arbeit von 367 Meterkilogramm zu verrichten.

Diese Zahl ist indessen ungenau und werden wir alsbald die richtigeren Angaben namhaft machen. Kurz nach den ersten gedankenreichen Abhandlungen von Mayer hat der ausgezeichnete Physiker James Prescott Joule in Manchester durch eine Reihe der sinnreichsten und exactesten Versuche das mechanische Aequivalent der Wärme bestimmt. Wir müssen uns damit begnügen, nur einige seiner Versuche hier anzuführen. Wir berichten zunächst über die Reibungsversuche.

In einem weiten Gefäß (Fig. 45), welches, damit die Wärme nicht nach Außen verloren geht, mit Holz verkleidet

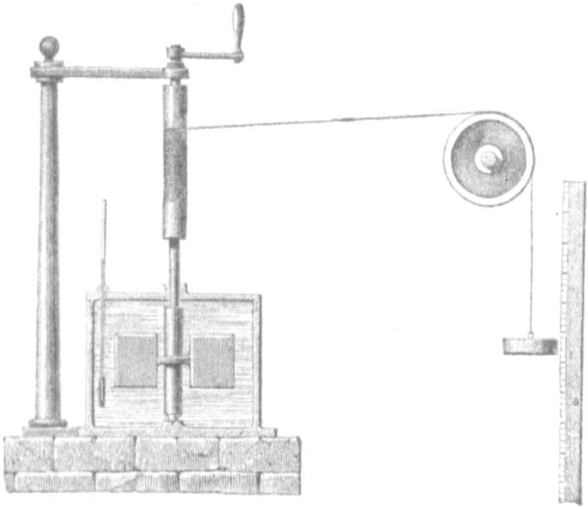

Fig. 45.

ist, befindet sich eine abgewogene Menge Wasser; durch die Mitte des Gefäßes geht eine Achse, an welcher Schaufelräder befestigt sind; um die Verlängerung der Achse ist eine Schnur gewunden, welche über eine Rolle geht, und am Ende der Schnur ist ein Gewicht angehängt, welches durch seine Schwere niedersinkend die Achse umdreht; die Fallhöhe kann dabei an einer eingetheilten Stange abgelesen werden. In das Gefäß ist zugleich ein Thermometer eingesenkt. Wenn nun das Gewicht durch seine Schwere niedergeht, so dreht es die Achse, wobei die Schaufelräder gegen das Wasser schlagen und eine am Thermometer ablesbare Erhöhung der Temperatur bewirken. Aus dem Gewicht und der Temperaturerhöhung des Wassers kann man die Zahl der Calorien und aus der Größe des bewegenden Gewichts und der Höhe des Falls die Zahl der Meterkilogramme Arbeit berechnen. Durch Vergleichung dieser beiden Zahlen erhält man schließlich das mechanische Aequivalent der Wärme. Aber nicht blos durch Reibung an Wasser, sondern auch an andern Flüssigkeiten, wie Quecksilber, Wallrathöl rc. hat Joule das mechanische Aequivalent der Wärme festgestellt.

Daß übrigens bei der oben nur der Hauptsache nach angegebenen Berechnung noch mancherlei Umstände berücksichtigt werden müssen, wollen wir nur nebenbei erwähnen.

Auch durch Reibung fester Körper an einander hat Joule die Beziehung zwischen der Arbeit und der durch sie erzeugten Wärmemenge zu bestimmen gesucht. In einem ähnlichen Gefäß, wie das in Fig. 45 dargestellte befindet sich ebenfalls eine Achse, an welcher eine eiserne Platte befestigt ist, die sich beim Umdrehen an einer andern feststehenden Eisenplatte reibt. Das Gefäß ist mit Quecksilber gefüllt, welches die entstehende Wärme aufnimmt. Die Umdrehung der Achse und der daran befestigten Eisenplatte geschieht wie bei dem Reibungsapparat für Flüssigkeiten.

Einen Versuch ganz anderer Art, welchen Joule angestellt, um das mechanische Aequivalent der Wärme zu finden, beruht auf der Erwärmung durch Compression eines Gases. In einen kupfernen Behälter, welcher in einem Gefäß mit Wasser steht, wird mittelst einer Pumpe Luft eingepreßt. Vergleicht man nun die Erwärmung, welche das

Wasser erfährt, mit der Arbeit, welche an der Pumpe verrichtet werden muß, wobei freilich die Reibung des Kolbens am Pumpenstiefel in Abzug kommen muß, so kann man ebenfalls die einer Calorie entsprechende Zahl von Meterkilogrammen finden. Nimmt man das Mittel aus allen Versuchen Joule's, so ergibt sich:

Eine Calorie entspricht einer Arbeit von 424 Meterkilogramm; oder das mechanische Aequivalent der Wärme ist gleich 424.

Nicht minder interessante Versuche über diesen Gegenstand hat der Ingenieur Hirn in Colmar angestellt. Anfänglich ein Anhänger Carnot's und der Stofftheorie hat er späterhin sich der neueren Theorie angeschlossen und namentlich durch Versuche an Dampfmaschinen nachgewiesen, daß stets eine der geleisteten Arbeit proportionale Wärmemenge verschwinde. Von den Versuchen Hirn's, welche die Auffindung des mechanischen Wärmeäquivalents bezweckten, wollen wir hier nur einen aufführen.

Eine cylinderische Eisenmasse AA (Fig. 46) von 350 Kilogramm Gewicht ist so an Schnüren aufgehängt, daß sie sich nur in der Richtung ihrer Achse hin- und herbewegen kann. Dieser Eisenmasse gegenüber ist ein prismatischer Steinblock BB von 941 Kilogramm Gewicht ebenfalls an Schnüren aufgehängt. Zwischen dem Eisencylinder und dem Steinblock ist ein Bleistück a, welches eine cylinderische Höhlung besitzt, aufgestellt; an demselben sind Schnüre angebracht, mittelst deren es so herausgehoben werden kann, daß die cylindrische Oeffnung nach oben steht.

Hebt man nunmehr den Eisenblock auf eine bestimmte Höhe und läßt ihn herunterfallen, so schlägt er gegen das Blei und wirft den Steinblock bis zu einer leicht meßbaren Höhe auf, während er selbst etwas zurückfährt. Hebt man nun das Bleistück an den Schnüren heraus und gießt rasch eine gewogene Menge Wasser von 0° ein, so kann man an einem Thermometer ablesen, wie groß die Temperatur des Wassers nach dem Stoße ist.

Ohne uns auf die Einzelnheiten der Berechnung einzulassen, bemerken wir nur, daß sich die an dem Blei verrichtete Arbeit aus der Fallhöhe des Eisenblocks und aus

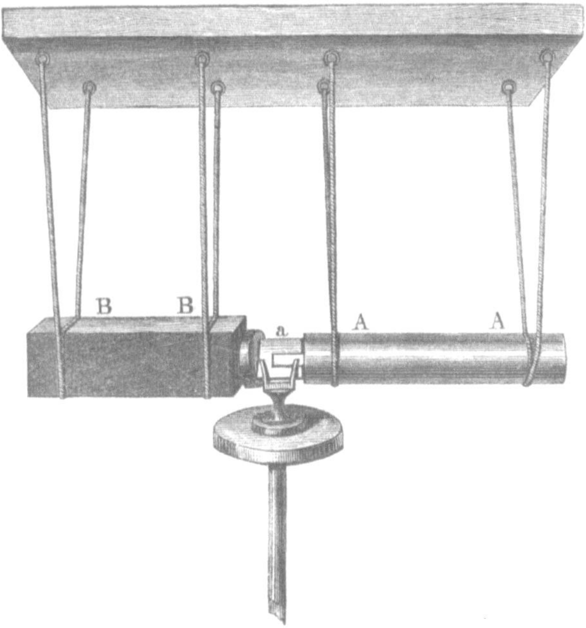

Fig. 46.

dessen Gewicht berechnen läßt, wenn man hiervon die Arbeiten, welche dem Zurückprallen des Eisencylinders und dem Aufwärtsgehen des Steinblocks entspricht, abzieht. Vergleicht man die an dem Bleistück geleistete Arbeit mit der Erwärmung desselben, so ergibt sich das mechanische Wärme=

äquivalent gleich 424,9, eine Zahl, welche mit der von Joule gefundenen ausgezeichnet übereinstimmt.

Es gibt aber noch eine ganz andere, von den bisherigen total verschiedene Methode, wie das mechanische Aequivalent der Wärme und zwar mit besonderer Genauigkeit festgestellt werden kann. Als Newton aus den schwingenden Bewegungen der Luft die Geschwindigkeit des Schalls berechnen wollte, fand er eine Zahl, welche weit kleiner war, als diejenige, welche der Erfahrung entspricht. Die Ursache dieser Nichtübereinstimmung von Theorie und Erfahrung aufzudecken beschäftigte die Physiker und Mathematiker lange Zeit hindurch, bis endlich Laplace das Geheimniß enthüllte. Wenn die Luft einen Ton fortpflanzt, so bilden sich in ihr abwechselnd Verdichtungen und Verdünnungen; da wo die Luft plötzlich zusammenströmt, um eine Verdichtung zu bilden, entsteht Wärme, während sich an den Orten der Verdünnung Kälte entwickelt. Durch Wärme aber wird die Elasticität der Luft erhöht und durch Kälte vermindert. An den verdichteten Stellen will sich also die Luft mit größerer Geschwindigkeit wieder ausdehnen, als wenn ihre Temperatur (bei gleich starker Verdichtung) nicht erhöht worden wäre. Außerdem leistet die verdünnte Luft dem Bestreben der verdichteten sich auszudehnen weniger Widerstand, wenn sie durch die Verdünnung kälter wird, als wenn sie ihre Temperatur beibehalten hätte. Die Geschwindigkeit der Fortpflanzung des Schalles muß also sowohl wegen der Erwärmung an den verdichteten, als der Abkühlung an den verdünnten Stellen zunehmen. Aus der Vergleichung der beobachteten Geschwindigkeit des Schalles, bei der die Erwärmung und Abkühlung der Luft mit ins Spiel kommt, und der ohne Rücksicht auf Temperaturveränderung berechneten läßt sich ebenfalls das mechanische Aequivalent der Wärme berechnen und zwar mit besonderer Genauigkeit, da wegen des außerordentlichen raschen Wechsels der Verdünnungen und Verdichtungen weder Wärme nach Außen abgegeben noch von Außen aufgenommen werden kann, während bei den Versuchen von Joule und Hirn kleinere Wärmeverluste nicht wohl vermeidbar sind. Man hat deshalb auch vielfach vorgeschlagen, die aus der Schallgeschwindigkeit abgeleitete Zahl von 430 Meterkilogramm als das wahre Wärmeäquivalent anzunehmen.

Die Bestimmung des mechanischen Aequivalents bildet einen der Grundpfeiler der modernen Physik; es ist hiermit festgestellt, wie viel äußere Bewegung (kinetische Energie) nothwendig ist, um ein gewisses Maß von innerer Bewegung der Körpertheile (calorische Energie) zu erzeugen. Es ist auch nichts natürlicher, als daß Gleichartiges sich in einander verwandelt — daß eine langsamere und deshalb sichtbare Bewegung eines ganzen Körpers sich in eine viel raschere und deshalb unsichtbare Bewegung der Theilchen eines Körpers übergeht. Wir haben schon gesehen, daß die äußere (kinetische) Energie eines Körpers in innere (calorische) desselben Körpers (bei der plötzlichen Hemmung der äußeren Bewegung) übergehen kann; aber es kann sich auch umgekehrt die innere calorische Energie eines Körpers in äußere kinetische verwandeln, wie dieß z. B. der Fall ist, wenn comprimirte Luft plötzlich sich ausdehnt, oder der Dampf den Kolben einer Maschine vor sich hertreibt.

Aber erst die Bestimmung des mechanischen Wärmeäquivalents gab der ganzen Theorie die hinreichende Festigkeit. Kein Wunder, daß den Männern, deren Scharfsinn und praktischer Geschicklichkeit wir diese Errungenschaft verdanken, die ungetheilteste Bewunderung zu Theil wurde. Der berühmte englische Physiker Tyndall spricht sich darüber folgendermaßen aus:

„Mayer's Arbeiten tragen den Stempel einer tiefsinnigen Anschauung, welche jedoch in des Verfassers Geist die Kraft unzweifelhafter Ueberzeugung gewonnen hatte. Joule's Arbeiten sind im Gegentheil experimentelle Beweise. Mayer vollendete seine Theorie geistig und führte sie zu ihrer großartigsten Anwendung: Joule arbeitete sich seine Theorie praktisch heraus und gab ihr die Sicherheit einer Naturwahrheit. Treu dem speculativen Instinkt seines Landes zog Mayer große und wichtige Schlüsse aus unbedeutenden Vordersätzen, während der Engländer vor Allem darauf bedacht war, Thatsachen unwiderruflich festzustellen. Der künftige Historiograph der Wissenschaft wird, denke ich, diese Männer nicht als Widersacher hinstellen. Jedem gebührt ein Ruf, der nicht so bald dahinschwinden wird, denn Jeder hat Theil nicht nur an der Aufstellung der dynamischen Theorie der Wärme, sondern auch an der Eröffnung des Weges, der zu einer richtigen Schätzung des allgemeinen Kraftvorraths des Universums führt".

VII. Die innere Constitution und die drei Aggregatzustände der Körper.

1.

Als Laplace in einem Gespräche mit Napoleon I. die Verdienste Newton's um die Astronomie pries, machte dieser die scharfsinnige Bemerkung, er würde den Naturforscher für weit größer als Newton halten, dem es gelänge den inneren Zusammenhang der Körper zu enthüllen. Und in der That, welche Schwierigkeiten liegen hier im Wege! Unser Auge, selbst mit dem besten Mikroskope bewaffnet, ist nicht im Stande die kleinsten Theilchen, welche einen Körper zusammensetzen, einzeln zu unterscheiden. Ob überall zwischen den einzelnen Theilchen leere Räume sich befinden, ob diese Poren mit noch feinerer Materie erfüllt sind; ob die Theilchen sich in Ruhe oder in Bewegung befinden, kann durch directe Anschauung nicht festgestellt werden. Die Welt im Großen, unser Planetensystem speciell, läßt sich verhältnißmäßig leicht entziffern; wir sehen schon mit bloßem Auge, besser noch mit unseren Fernröhren die einzelnen Theile ihre ewig gleichbleibende Bewegung vollziehen. In Betreff der einzelnen Theile (Moleküle) eines Körpers aber sind wir auf bloße Vermuthungen, welche wir aus äußeren Erscheinungen schöpfen, angewiesen. Wären wir so klein, daß wir in derselben Weise uns auf einem Molekül, wie jetzt auf der Erde herumbewegen könnten, so würden wir vielleicht in relativ nicht geringeren Abständen die anderen Körpermoleküle vor uns erblicken, wie wir so die Planeten über uns sich hinbewegen sehen. Es würde sich dann gewiß schon ein Kepler gefunden haben, der die Bewegungen der Moleküle festgestellt, und ein Newton, der das Gesetz und die Ursache der Bewegung ergründet hätte.

Von jeher war die Mehrzahl der Naturforscher der Meinung, daß die Materie an sich, d. h. abgesehen von leeren Zwischenräumen undurchdringlich und unzusammendrückbar sei; da aber alle Körper sich mehr oder weniger leicht zusammendrücken lassen und anderen Stoffen den Durchgang gestatten, so war man gezwungen anzunehmen, daß zwischen den einzelnen Massentheilchen leere, oder mit einem feinen Stoff, der wiederum aus einzelnen getrennten Theilchen besteht, erfüllte Zwischenräume sich befinden.

In Betreff der Theilbarkeit der Materie pflegt man eine physikalische (mechanische) und eine chemische zu unterscheiden. Denkt man sich einen Körper in immer kleinere Theilchen derart zerlegt, daß die Theilchen stofflich mit einander und dem Ganzen übereinstimmen, so muß man schließ=

lich auf Theilchen treffen, welche nicht weiter in dieser Weise theilbar sind; man nennt sie Moleküle. Ein solches Molekül kann übrigens chemisch noch weiter theilbar sein, d. h. man kann es vielleicht noch in Theilchen zerlegen, welche stofflich von einander verschieden sind; in diesem Fall ist der Körper als aus verschiedenen Stoffen bestehend anzusehen, er ist chemisch zusammengesetzt; im anderen Fall ist er chemisch einfach und heißt Element oder Grundstoff. Die kleinsten Theilchen, welche weder chemisch noch physikalisch weiter theilbar sind, nennt man Atome. Wir wollen uns nicht darauf einlassen, ausführlich zu erörtern, aus welchen Gründen die Chemiker der Ueberzeugung sind, daß ein einzelnes Atom nicht frei existiren könne, sondern daß gemeiniglich zwei Atome zusammen ein kleinstes frei existirendes Theilchen — ein Molekül — bilden.

Uebrigens mögen sich in den Körpern die Moleküle wieder zu größeren Gruppen vereinigen, zwischen welchen sich nothwendig Zwischenräume befinden müssen.

Daß die Gestalt der Atome, resp. Moleküle nicht bei allen Körpern dieselbe sei, läßt sich wohl mit einiger Sicherheit daraus schließen, daß die Krystallformen so sehr verschiedenartig sind; auch daß die Körper nicht nach einer Richtung (z. B. in Betreff der Wärmeleitung und der Lichtbrechung) sich ebenso verhalten, wie nach einer andern, dürfte darauf hinweisen, daß wenigstens die Moleküle nicht nothwendig eine symmetrische Gestalt besitzen müssen.

Eine andere sehr wichtige, aber schwer zu beantwortende Frage ist die, ob zwischen den materiellen Theilchen der Körper, den Molekülgruppen, sich leere Räume befinden, oder ob dieselben etwa mit einem feineren Stoff erfüllt sind. Die Erscheinungen des Lichtes und der strahlenden Wärme haben die meisten Physiker zu der Ansicht geführt — und wir werden dieß späterhin ausführlich zu erörtern haben —

daß die Zwischenräume der Körper von einem äußerst feinen Stoff erfüllt seien. Vielfach hat man diesen Stoff als von dem gewöhnlichen total verschieden angesehen; er soll unendlich sein, absolut elastisch und unwägbar sein; Andere freilich können sich zu dieser höchst gewagten Hypothese nicht versteigen, sondern nehmen den „Aether" als mit der gewöhnlichen Materie wesentlich identisch, als gewöhnliche Materie in höchster Verfeinerung an.

2.

Wenn man ein Stück Kreide, oder ein Stück Siegellack zerbrechen will, so kostet dieß eine gewisse Anstrengung; die Theilchen der Körper haften also mehr oder minder fest an einander. Die Ursache dieser Eigenschaft pflegt man in einer besonderen Kraft, der Cohäsion oder Zusammenhangskraft zu suchen. Da wir nun gesehen haben, daß es dem Grundprincip der Naturwissenschaft widerspricht, der Materie „Anziehungskräfte" u. dgl. zuzuschreiben, so wird die Frage auftreten, durch welche äußere Ursache die Moleküle der Körper derart zusammengetrieben und gestoßen werden, daß es den Schein erweckt, als ob sie einander anzögen. Vorläufig indessen, ehe wir noch weitere Untersuchungen über die innere Beschaffenheit der Körper angestellt haben, müssen wir auf eine sachgemäße Erklärung verzichten und behalten einstweilen die frühere Ausdrucksweise bei.

Die Cohäsion ist oft sehr stark (Eisen), jedoch kommt sie erst bei außerordentlicher Nähe der Stofftheilchen zur Wirkung: hat man ein Stück Siegellack zerbrochen und hält die Theile wieder an einander, so wollen sie nicht mehr haften bleiben; erst wenn man den Siegellack durch Erhitzen weich macht und die Theile an einander preßt, gelingt es, die Moleküle so nahe an einander zu bringen, daß sie wieder so fest zusammenhalten wie vorher. Die Cohäsion ist bei den verschiedenen Körpern sehr verschieden; diejenigen, bei welchen es eine sehr bedeutende Anstrengung kostet, um den Zusammenhang der Moleküle zu zerstören, heißen feste Körper; diejenigen, bei welchen die Cohäsion ohne besondere Schwierigkeit überwunden wird, werden flüssige Körper genannt. Der Uebergang von den festen zu den flüssigen Körpern findet ganz allmälig statt; er wird durch die Körper von syrup- und butterartiger Consistenz vermittelt.

Daß bei den flüssigen Körpern, so leicht auch ihre Theilchen beweglich sind, doch noch eine gewisse Cohäsion stattfindet, zeigt sich theils an der, wenn auch geringen Anstrengung, welche es kostet, die Theilchen auseinanderzutreiben, theils daran, daß wenn eine gewisse Flüssigkeitsmenge umhergestreut wird, sie nicht vollständig zu Staub zerfällt, sondern immer noch in kleineren Parthieen, in Tropfen zusammenbleibt; die Tropfen sind rund, die Cohäsion wirkt also gleichmäßig nach allen Richtungen.

Bei der dritten Art von Körpern, den gasförmigen ist gar keine Cohäsion mehr vorhanden; eine Gasmasse ist bestrebt einen immer größeren Raum einzunehmen und man könnte deswegen eher an eine Abstoßung der Theilchen denken; wir werden indessen sehen, daß diese „Expansionskraft" der Gase einen ganz andern Grund hat.

Will man die Theilchen eines Körpers einander nähern, so kostet dieß oft eine sehr bedeutende Anstrengung; viele Körper, wie z. B. die flüssigen lassen sich selbst durch den stärksten Druck nur sehr wenig comprimiren; andere, wie die gasförmigen ziehen sich dem Druck genau proportional zusammen. Außer einer anziehenden Kraft, der Cohäsion, muß also, um die bisherige Ausdrucksweise vorläufig beizubehalten, noch eine abstoßende Kraft, die „Expansion", zwischen den Molekülen thätig sein; wenn der Körper sich weder ausdehnt noch zusammenzieht, so halten Cohäsion und Expansion (in Gemeinschaft mit dem gerade stattfindenden äußeren Druck) einander das Gleichgewicht. Da es beträchtliche Anstrengung erfordert, die Moleküle einander zu nähern, so ist ersichtlich, daß die Expansion bei Annäherung der Moleküle in rascherem Verhältniß zunimmt, als die Cohäsion: man muß die Cohäsion durch äußeren Druck unterstützen, damit sie der Expansion das Gleichgewicht halten kann. Umgekehrt muß, wenn die Körper ausgedehnt werden sollen, die Expansion durch eine Zugkraft unterstützt werden. Die Cohäsion ließe sich wohl durch einen Druck, resp. durch unaufhörliche Stöße, welche gegen die Oberfläche der Körper stattfinden, erklären: die Expansion dagegen setzt nothwendig voraus, daß sich zwischen den Molekülen der Körper irgend ein Stoff befindet, dessen Theilchen in immerwährender Bewegung sind, deren Anprall oder überhaupt mechanische Wirkung gegen die Moleküle die Annäherung derselben verhindert. Welcher Art dieser Stoff ist und daß auch noch viele andere Erscheinungen die Einnahme eines solchen gebieterisch fordern (Aether), werden wir an einer anderen Stelle ausführlicher darlegen. Hier kommt es uns zunächst nur darauf an, zu zeigen, daß die Expansion nicht wohl ohne einen solchen Stoff erklärt werden kann.

Aber nicht blos die Theilchen des oben erwähnten hypothetischen Stoffes, sondern auch die Moleküle der Körper selbst müssen in beständiger Bewegung sein: die Umsetzung von Arbeit, resp. äußerer Bewegung in Wärme, sowie die Ausgleichung der Temperatur von Körpern, welche sich in demselben Raume befinden, macht es unzweifelhaft, daß die Moleküle der Körper in ständiger Bewegung sind und daß die „Temperatur" von der „Intensität der inneren Bewegung" abhängig ist. Einen Körper erhitzen heißt, entweder ihn mit einem andern in Berührung bringen, welcher eine höhere Temperatur hat, d. h. dessen Theilchen in lebhafterer

Bewegung sind, oder Bewegungen anderer Art desselben oder eines andern Körpers in solche überführen, auf denen die Wärmeerscheinungen beruhen.

Wird ein Körper erhitzt, so treten verschiedenartige Erscheinungen auf. Wir wollen zunächst voraussetzen, daß er seinen Aggregatzustand nicht verändert. Die auffallendste, weil äußerlich sichtbare Veränderung ist die der Vergrößerung des Volumens, bei welcher nothwendig eine äußere Arbeit geleistet werden muß. Jeder Körper steht unter einem gewissen Druck, z. B. dem Druck der Luft; vergrößert sich nun das Volumen eines Körpers, so wird der äußere Druck auf eine gewisse Strecke hin überwunden, es wird also eine äußere Arbeit geleistet.

Außerdem muß aber auch eine innere Arbeit geleistet werden, denn durch die Erwärmung treten die einzelnen Moleküle weiter aus einander, und es muß also die Cohäsion auf eine gewisse Erstreckung hin überwunden werden. Zugleich, weil die Temperatur steigt, ist jedenfalls eine Zunahme der Geschwindigkeit der schwingenden Bewegung der Moleküle eingetreten, und dieß ist eine dritte Arbeit, welche man gewöhnlich mit der vorigen unter dem gemeinsamen Namen „innere Arbeit" zusammenfaßt.

Der erste Theil der inneren Arbeit, derjenige, welcher zur Positionsänderung der Moleküle verbraucht wird, bewirkt eine Aenderung der potentiellen Energie der Moleküle. Je weiter die Moleküle auseinandertreten, um so größer wird ihre potentielle Energie, d. h. um so mehr Arbeit können sie leisten, resp. calorische Energie erzeugen, wenn sie wieder in ihre frühere Lage zurückkehren. Wird z. B. ein Gas comprimirt, so entsteht Wärme; durch die Annäherung der Moleküle wird die potentielle Energie derselben vermindert und dafür entsteht eine äquivalente Menge calorischer Energie; wenn dagegen ein Gas sich ausdehnt, so vergrößert sich die potentielle Energie der Moleküle, weil sich dieselben von einander entfernen; die Vermehrung der potentiellen Energie hat aber eine Verminderung der calorischen Energie, d. h. die Entstehung von Kälte zur Folge.

Der zweite Theil der inneren Arbeit ist die Erhöhung der Temperatur, welche in einer Vermehrung der Energie der schwingenden Bewegung der Moleküle besteht. Als wirklicher Nullpunkt der Temperatur würde der Punkt anzunehmen sein, bei welchem alle schwingende Bewegung aufgehört hat. Wir werden diesen absoluten Nullpunkt der Temperatur alsbald bestimmen.

Die Energie der schwingenden Bewegung der Moleküle eines Körpers pflegt man auch als **wirkliche innere** Energie zu bezeichnen, welche demnach von der **totalen** inneren oder von der „inneren" schlechtweg, welche sowohl die wirkliche innere, als die potentielle in sich begreift, wohl zu unterscheiden ist.

Bei den festen und flüssigen Körpern ist die äußere Arbeit, welche bei der Erwärmung geleistet wird, sehr gering, da dieselben sich nur sehr wenig ausdehnen; bei den gasförmigen Körpern dagegen fällt die äußere Arbeit verhältnißmäßig groß aus, da ein Gas, wenn es von 0 bis 100° erhitzt wird, sich um mehr als den dritten Theil seines Volumens bei 0° ausdehnt.

Die Wärmemenge, welche nöthig ist um einen Körper um 1° in seiner Temperatur zu erhöhen, nennt man seine **Wärmecapacität** oder seine **specifische Wärme**. Diese Definition ist indessen ungenau: es fragt sich, namentlich wenn die specifischen Wärmen verschiedener Körper mit einander verglichen werden sollen, ob man gleiche Gewichtstheile oder gleiche Volumina zu Grunde legen soll. Bei Gasen, bei denen eine beträchtliche Ausdehnung und somit eine nicht zu vernachlässigende äußere Arbeit mit in Betracht kommt, ist außerdem zu unterscheiden, ob man dem Gase gestattet bei constantem Druck sich auszudehnen, oder ob das Volumen unverändert erhalten werden soll. Wir hatten diesen Punkt schon früher einmal erwähnt und sogar das Verhältniß zwischen der specifischen Wärme für constanten Druck und für constantes Volumen angegeben.

Obwohl nun in den Lehrbüchern der Physik namentlich für feste und flüssige Körper nur die specifische Wärme für gleiche Gewichtstheile angegeben wird, so wird es unschwer einzusehen sein, daß dieß eigentlich nicht rationell ist und daß man gleiche Volumina zu Grunde legen müßte; denn es handelt sich bei der Zuführung von Wärme wesentlich um Aenderung der Lage und der Weite der Schwingungen der Moleküle, was Beides sich auf das Volumen bezieht und mit dem Gewicht nichts zu thun hat. Cantoni hat zuerst hierauf aufmerksam gemacht und gezeigt, daß wenn man die specifischen Wärmen der Körper bei Zugrundelegung gleicher Volumina mit einander vergleicht, man die kleinsten Zahlen für diejenigen Körper findet, welche die weichsten sind, deren Theilchen sich also am leichtesten auseinandertreiben lassen. Die Zahl der Calorien, welche ein Kubikdecimeter eines Körpers braucht, um um 1° C. in seiner Temperatur erhöht zu werden, ist für Kalium 0,143; Natrium 0,283; Blei 0,343; Zinn 0,415; Diamant 0,519; Gold 0,624; Zink 0,669; Platin 0,685; Kupfer 0,842; Eisen 0,882 und Nikel 9,961. Auch für dieselben Stoffe in weicherer und härterer Form bestätigt sich das Gesetz, wenn gleiche Volumina zu Grunde gelegt werden; so ist die specifische Wärme für den Kohlenstoff in seinen drei Modificationen als Holzkohle, Graphit und Diamant bezüglich 0,110; 0,444 und 0,519.

3.

Ein ganz besonderes Interesse bieten die Erscheinungen bei den gasförmigen Körpern dar, umsomehr als dieselben innerlich am einfachsten construirt sind und dem Verständniß am wenigsten Schwierigkeit darbieten.

Wenn Wasserdampf sich abkühlt, so verwandelt er sich wieder in flüssiges Wasser; war durch die Erwärmung das Wasser in so feine Theilchen zerstreut worden, daß sie nicht mehr sichtbar erschienen, so treten sie bei der Abkühlung theilweise wieder zusammen und bilden kleine Tröpfchen, welche den sichtbaren Dunst oder Schwaden erzeugen. Es gibt uns diese Erscheinung einen deutlichen Fingerzeig, wie sich die gewöhnlichen Körper gebildet haben mögen, wenn man voraussetzt, daß ursprünglich eine so enorme Hitze geherrscht habe, daß alles in gasförmigem Zustand gewesen sei. Bei der außerordentlich heftigen Bewegung der einzelnen Atome war es unmöglich, daß sie beim Anprall gegen einander sich zu größeren Massen zusammengruppirten; erst später, als die Hitze und somit die Heftigkeit der Bewegung abnahm, konnten sich einzelne Theilchen zu Molekülen mit einander vereinigen. Doch wollen wir dieß hier nur andeuten, um später in ausführlicherer Weise uns mit diesem Gegenstand zu beschäftigen.

Aehnlich wie der Wasserdampf lassen sich auch andere luftförmige Körper zu Flüssigkeiten und selbst zu festen Substanzen condensiren. Nur fünf luftförmige Körper haben sich bis jetzt noch nicht flüssig machen lassen: Sauerstoff, Wasserstoff, Stickstoff, Kohlenoxyd und Stickoxyd; man nennt sie permanente Gase. Die Luft, als ein Gemenge von Sauerstoff und Stickstoff, ist natürlich ebenfalls ein permanentes Gas. Aber auch diejenigen luftförmigen Körper pflegt man Gase und zwar verdichtbare, coërcibele, zu nennen, welche erst bei sehr tiefer Temperatur flüssig werden können (schweflige Säure, Kohlensäure); die anderen, welche schon bei gewöhnlicher Temperatur flüssig existiren können, heißt man Dämpfe (Wasserdampf). Wir werden indessen alsbald den Unterschied zwischen Gasen und Dämpfen etwas schärfer definiren können, wenn wir die Eigenschaften der permanenten Gase genauer kennen gelernt haben werden.

Wenn man ein permanentes Gas einem Druck aussetzt, so zieht es sich genau proportional dem angewandten Druck zusammen (Gesetz von Mariotte). Daß von dem Moment an, wo das Gas sich nicht weiter zusammenzieht, (wenn also Gleichgewicht eingetreten ist), der Gegendruck des Gases dem auf dasselbe ausgeübten Druck gleich ist, versteht sich nach dem Princip von der gleichen Wirkung und Gegenwirkung von selbst. Comprimirt man ein coërcibeles Gas, so folgt es dem Mariotte'schen Gesetze nur dann annähernd genau, wenn es in so hoher Temperatur steht, daß es sehr weit von seinem Condensationspunkt entfernt ist. Je mehr es durch Abkühlung dem Punkte nahe gebracht wird, wo es flüssig wird, umsomehr weicht es beim Comprimiren von dem genannten Gesetze ab. Befindet sich in einem Raume gesättigter Dampf, kann also der Raum bei der gerade herrschenden Temperatur keinen Dampf mehr aufnehmen, so bringt bekanntlich eine etwaige Compression keine Erhöhung der Spannkraft des Dampfes hervor; es condensirt sich blos ein Theil desselben. Wird nun der Raum erhitzt, ohne daß neuer Dampf sich bilden kann, so würde der Raum noch mehr Dampf aufnehmen können; er ist jetzt über die Temperatur hinaus erhitzt, bei welcher er mit der vorhandenen Dampfmenge gesättigt wäre; der Dampf ist überhitzt; treibt man die Ueberhitzung durch Steigerung der Temperatur sehr weit, so verhält sich schließlich der Dampf wie ein Gas, d. h. er befolgt das Mariotte'sche Gesetz. Von einem gewissen Grad der Abkühlung an weicht aber der überhitzte

Dampf von dem genannten Gesetze ab, bis schließlich der Dampf so weit abgekühlt ist, daß der Sättigungspunkt eintritt; jetzt befolgt er das Gesetz des gesättigten Dampfes, welches, wie schon erwähnt, darin besteht, daß durch Compression die Spannkraft nicht vergrößert werden kann, wie dieß bei einem Gase oder überhitzten Dampfe der Fall ist. Wir sind also genau über das Verhalten des Dampfes orientirt, wenn er entweder gesättigt, oder sehr stark überhitzt ist; dagegen ist man noch keineswegs im Klaren über das Gesetz, welches der Dampf befolgt, wenn er in dem Uebergangszustand zwischen gesättigtem und stark überhitztem Dampf sich befindet.

Nun dürfen wir aber doch annehmen, daß auch die sog. permanenten Gase bei sehr starker Abkühlung sich schließlich flüssig und fest müssen machen lassen; ein principieller Unterschied zwischen „Gas" und „Dampf" kann also nicht statuirt werden, und wir müssen deshalb allgemein als Gas einen solchen luftförmigen Körper bezeichnen, der in stark überhitztem Zustand sich befindet.

Außer dem Mariotte'schen Gesetze ist es aber noch ein anderes, welches die stark überhitzten Dämpfe, die Gase, befolgen, nämlich das Gesetz von Gay-Lussac; es besagt, daß alle Gase sich um gleichviel ausdehnen, wenn sie einer gleichen Temperaturerhöhung ausgesetzt werden.

Erhitzt man feste oder flüssige Körper gleichzeitig mit gasförmigen, so werden die Ausdehnungen der ersteren sich mit wachsender Temperatur vergrößern, wenn die der letzteren gleichbleiben. Denkt man sich z. B. ein Luftthermometer und ein Quecksilberthermometer in demselben Raum, welcher auf immer höhere und höhere Temperatur gebracht wird, so wird anfangs bei niederer Temperatur das Quecksilber ziemlich genau immer um dasselbe Stück steigen, wenn die Luft sich um ein gleiches Stück ausgedehnt hat. Späterhin aber, bei höherer Temperatur, werden die Stücke, um welche sich das Quecksilber, bei gleicher Volumenvergrößerung der Luft, ausdehnt, merklich wachsen.

Vergleicht man ferner die Ausdehnungen, welche verschiedene feste und flüssige Körper, wenn sie derselben Temperaturerhöhung ausgesetzt werden, mit einander, so sind dieselben sehr verschieden — während bei den Gasen das eine sich fast genau um ebensoviel ausdehnt, wie das andere. Aus all diesem folgt, daß die Gase im Wesentlichen dieselbe innere Construction besitzen — bei den Gasen ist keine Cohäsion zwischen den einzelnen Theilchen vorhanden. Erhitzt man einen festen Körper, so dehnt er sich aus, die Moleküle entfernen sich von einander und die Cohäsion wird geringer; sie setzt deshalb auch der weiteren Ausdehnung des Körpers durch die Wärme einen um so schwächeren Widerstand entgegen, je mehr sich der Körper bereits ausgedehnt hat, oder mit andern Worten: das Volumen der festen Körper wächst in höherer Temperatur bei gleicher Wärmezufuhr stärker als in niederer Temperatur. Aehnlich ist es bei den Flüssigkeiten. Die Gase aber, da sie keine Cohäsion haben, setzen der Volumenvergrößerung stets denselben Widerstand entgegen, d. h. bei den festen und flüssigen Körpern sind zwei innere Arbeiten zu leisten, die Aenderung der Position und die Aenderung der Energie der schwingenden Bewegung der Moleküle; bei den Gasen dagegen ist nur eine innere Arbeit, die Aenderung der Energie der schwingenden Bewegung der Moleküle zu verrichten.

Gleiche Wärmezufuhr muß deshalb bei allen Gasen denselben Zuwachs an Energie der schwingenden Bewegung der Moleküle, d. h. dieselbe Temperaturerhöhung, und wenn Ausdehnung gestattet ist (wenn das Gas bei constantem Druck erhitzt wird), dieselbe Volumenvergrößerung erzeugen. Das Gas- oder speciell Luftthermometer ist deshalb allein als exacter Wärmemesser brauchbar. Daß bei gleicher Wärmezufuhr ein Gas sich stets um ein gleiches Stück ausdehnt, läßt sich allerdings experimentell nicht nachweisen, denn die Menge der zugeführten Wärme messen wir ja eben an der Vergrößerung des Volumens; dagegen läßt sich wohl zeigen, daß ein Gas sich genau so ausdehnt wie das andere. Wenn aber von den beiden Folgerungen, welche wir aus der Theorie über die innere Constitution der Gase ziehen, die eine (daß ein Gas sich wie das andere ausdehnt) sich experimentell bewahrheitet, so ist kein Zweifel, daß auch die andere (welche sich auf die gleiche Volumenvergrößerung bei gleicher Wärmezufuhr bezieht) richtig sein wird.

Ein Thermometer kann deswegen nur in so weit als richtig angesehen werden, als es mit dem Luftthermometer übereinstimmt. Nun dehnt sich z. B. das Quecksilber zwischen 0 und 100° C. stets um gleiche Stücke aus, wenn das Volumen der Luft um gleichviel wächst; das Quecksilberthermometer kann deshalb, wenigstens zwischen 0 und 100°, als absolut zuverlässig angesehen werden; über 100° hinaus dehnt sich dagegen das Quecksilber in etwas stärkerem Verhältniß aus. Da bei den Gasen keine Cohäsion mehr vorhanden ist, so kann die Bewegung der einzelnen Gasmoleküle nur eine geradlinig fortschreitende und keine krummlinige sein; ob die Moleküle gleichzeitig rotiren ist eine Frage, welche wir späterhin beantworten werden. Die Moleküle der Gase verhalten sich deshalb (nach Clausius u. A.) wie geworfene Körper, welche in ihrer geradlinigen Bewegung so lange fortfahren, bis sie gegen ein anderes Molekül, oder gegen eine feste Wand anprallen, wo sie zurückgeworfen ihre geradlinige Bewegung in anderer Richtung fortsetzen, bis sie abermals anprallen ꝛc. Es erklärt sich hieraus auch sehr einfach, warum die kleinste Menge eines Gases sofort einen beliebig großen Raum auszufüllen vermag. Ist der

Raum leer, so verbreitet es sich über denselben fast momentan, da die Moleküle bei ihrer geradlinig fortschreitenden Bewegung keinen Widerstand finden; ist aber in dem Raum bereits ein Gas vorhanden, so nimmt bekanntlich die Ausbreitung viel längere Zeit in Anspruch.

Auch die „Diffusion" der Gase erklärt sich sehr einfach: Ist ein Glascylinder mit einem Gas gefüllt, welches schwerer ist als Luft, z. B. mit Kohlensäure, so verschwindet bekanntlich das Gas ziemlich rasch, wenn das Gefäß offen gelassen wird; die Gasmoleküle fliegen nach allen Seiten, also auch aufwärts, und da die Luft ein sehr dünner Körper ist, so können die Gasmoleküle zwischen den Luftmolekülen hindurch nach oben gelangen; manche werden wohl auch gegen Luftmoleküle anprallen und ihren Weg wieder zurück nach dem Cylinder nehmen; nach und nach aber werden alle ihren Weg nach oben aus dem Gefäß heraus gefunden haben, wie umgekehrt die Moleküle der Luft ihren Weg zwischen denen des Gases hindurch ins Innere des Cylinders finden. Auch durch die kleinen Oeffnungen poröser Körper hindurch dringen die Moleküle der Gase mit großer Leichtigkeit.

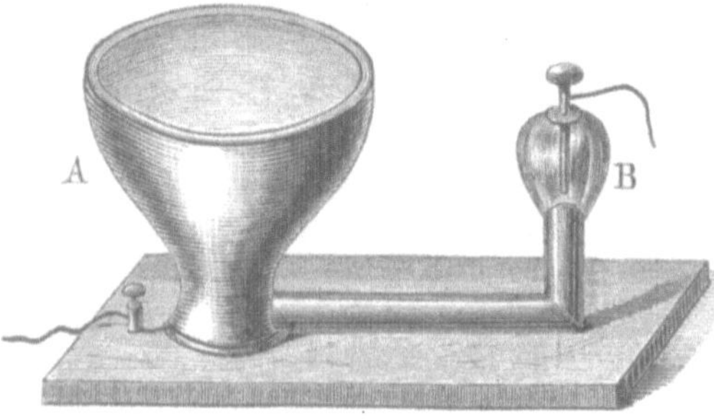

Fig. 47.

Ein sehr interessanter Apparat, welcher die Diffusion der Gase in überraschender Weise zeigt, ist in Fig. 47 abgebildet. Ein halbkugeliges eisernes Gefäß A, welches oben durch eine poröse Thonplatte geschlossen ist, steht durch eine Röhre mit einem eiförmigen Gläschen B, in welches von oben ein verstellbarer eiserner Stift hereinragt, in Verbindung. Das Gefäß A und die Röhre ist so hoch mit Quecksilber gefüllt, daß es den Stift beinahe berührt. Läßt man nun Leuchtgas (durch einen mit der Gasleitung des Hauses in Verbindung stehenden Kautschukschlauch) auf die Thonplatte strömen, so dringt so viel Gas in das Innere, daß das Quecksilber sofort steigt und den eisernen Stift berührt. Wird der Apparat sammt einer electrischen Schelle in den Stromkreis einer galvanischen Kette eingeschlossen, so fängt die Schelle sofort zu läuten an, sobald das Quecksilber den Stift berührt. Die Wirkung ist fast momentan, woraus ersichtlich ist, wie rasch die Moleküle des Leuchtgases durch die Poren der Thonzelle hindurchfliegen.

Auch die Geschwindigkeit der Gasmoleküle hat Clausius berechnet und ist zu dem Resultat gekommen, daß die Moleküle der schwereren Gase eine geringere Geschwindigkeit besitzen als die der leichteren: die mittlere Geschwindigkeit der fortschreitenden Bewegung der Moleküle ist für:

Luft	485 m.;
Sauerstoff	461 m.;
Stickstoff	492 m.;
Wasserstoff	1844 m.

Indessen hat sich bei diesen Berechnungen gezeigt, daß die Energie der fortschreitenden Bewegung nur ein Bruchtheil der gesammten inneren Energie ist; Clausius fand, daß dieselbe nur etwa $^3/_5$, oder genauer 0,615 der totalen inneren Energie beträgt. Hieraus aber folgt unzweifelhaft, daß außer der fortschreitenden Bewegung noch rotirende der ganzen Moleküle und vibrirende der die Moleküle zusammen=

setzenden Atome stattfinden müsse. Es läßt sich aber auch aus den Stoßgesetzen ableiten, daß rotirende Bewegungen der Moleküle vorkommen müssen, denn der Stoß der Moleküle gegen einander ist nicht immer gerad und central, und jedesmal wenn der Stoß schief oder excentrisch ist, tritt nach dem Stoß selbst solcher Körper, welche lediglich fortschreitende Bewegung haben, wie man an jedem Billard beobachten kann, Rotation ein, indem ein Theil der fortschreitenden Bewegung sich in rotirende umsetzt.

Was die mittlere Entfernung der Gasmoleküle von einander betrifft, so ist dieselbe jedenfalls sehr groß im Verhältniß zur Größe der Moleküle selbst; nichtsdestoweniger ist die Einwirkung der Moleküle auf einander noch nicht völlig gleich Null; sie tritt jedenfalls in den Momenten auf, wo zwei Moleküle gegen einander prallen. Der Umstand, daß selbst die permanenten Gase das Mariotte- und Gay-Lussac'sche Gesetz nicht absolut genau befolgen, weist darauf unzweifelhaft hin: dem idealen Gaszustand am nächsten kommt noch der Wasserstoff, der dünnste aller Körper. Wird Wasserstoff von 0 bis 1° C. erhitzt, so dehnt er sich um ca. $^1/_{273}$, oder genauer um 0,003663 seines Volumens bei 0° aus; auch ändert sich dieser „Ausdehnungscoefficient" bei höheren Temperaturen nicht merklich; dagegen hat Regnault nachgewiesen, daß bei den übrigen Gasen der Ausdehnungscoefficient bei höheren Temperaturen (um wenig) zunimmt. Sehr bedeutend ist die Abweichung von dem idealen Gaszustand, welcher durch die genaue Befolgung des Gesetzes von Mariotte und Gay-Lussac charakterisirt ist, bei den coërcibelen Gasen und hier umsomehr, je näher dieselben ihrem Condensationspunkte stehen.

Auch ein anderer Umstand weist darauf hin, daß noch nicht alle Einwirkung der Moleküle bei gasförmigen Körpern erloschen ist. Wenn ein Körper seinen Zustand verändern könnte, ohne daß weder äußere noch innere Arbeit geleistet würde, so könnte sich auch seine Temperatur nicht ändern; sinkt aber z. B. die Temperatur, ohne das äußere Arbeit geleistet wird, so muß innere verrichtet worden sein. Nun hat Gay-Lussac einen (schon früher erwähnten) Versuch angestellt, welcher über das Verhalten der Gase in dieser Beziehung Aufschluß gibt: er ließ aus einem Gefäß verdichtete Luft in ein anderes leeres Gefäß strömen und beobachtete, daß während anfänglich im ersten Gefäß Abkühlung, im zweiten Erwärmung eintrat, schließlich die Temperatur in beiden dieselbe war wie vor Beginn des Versuchs: Beim Ausströmen der Luft entwickelt sich, auf Kosten der Temperatur, eine beträchtliche kinetische Energie, im zweiten Gefäß aber wird beim Anprall der Luft an die Wände die kinetische Energie wieder vernichtet und es muß deshalb, wenn alle innere Arbeit ausgeschlossen ist, wieder ebensoviel Wärme entstehen, als vorher verschwunden war. Nun haben aber Joule und Thomson gefunden, daß das Resultat von Gay-Lussac nicht ganz genau war: sie bemerkten vielmehr eine (sehr geringe) Temperaturerniedrigung; es muß also jedenfalls innere Arbeit verrichtet worden sein, oder mit andern Worten, die Cohäsion ist bei den Gasen noch nicht vollkommen Null.

Aus der soeben entwickelten Theorie der Gase, nach welcher die Moleküle keinen oder nur einen sehr geringfügigen Zusammenhang unter einander und wesentlich eine fortschreitende Bewegung (nebst einer rotirenden um ihre Achse) besitzen, lassen sich auch deductiv alle Gesetze, welchen die Gase gehorchen, ableiten. Unter dem „Druck“ oder der „Spannkraft“ eines Gases hat man die Energie des Stoßes der in fortschreitender Bewegung befindlichen Moleküle zu verstehen; in jedem Augenblick treffen auf jeden Quadratcentimeter der eine Gasmasse einschließenden Gefäßwand eine bestimmte Menge von Molekülen auf; wird das Gas einem doppelt so starken Druck ausgesetzt, so muß sich das Gas so lange auf ein kleineres Volumen zusammenziehen, bis doppelt so viele Moleküle auf einen Quadratcentimeter der Gefäßwand auffallen, d. h. wird das Gas bis auf die Hälfte des früheren Volumens verdichtet, so ist seine Spannkraft doppelt so groß rc. Dieß ist das Mariotte'sche Gesetz.

Erhitzt man ein in einem Gefäß von unveränderlichem Volumen befindliches Gas, so nimmt, da keine weitere innere Arbeit (oder nur eine sehr geringfügige) zu leisten ist, lediglich die Energie der schwingenden Bewegung zu, d. h. es erhöht sich die Temperatur genau proportional der zugeführten Wärme. Ein heißeres Gas hat eine höhere Spannkraft; denn da die Moleküle in lebhafterer Bewegung sind, so prallen sie mit größerer Heftigkeit gegen die Gefäßwände.

Daß sich bei den Bewegungen der Moleküle zeitweise und namentlich beim Anprall gegen einander oder gegen die Gefäßwände ein Theil der fortschreitenden Bewegung in rotirende und umgekehrt verwandelt, thut nichts zur Sache, denn im Durchschnitt ist nach den Berechnungen von Clausius das Verhältniß der Energie der fortschreitenden zu der der rotirenden Bewegung constant.

Die hier entwickelte Ansicht über die innere Constitution der Gase ist übrigens (in ihren Grundzügen) nicht neu; schon Bornoulli, Herapath und Joule hatten sich dahin ausgesprochen, bis Krönig diese Theorie wieder aufnahm und Clausius dieselbe erschöpfend begründete.

Wir haben gesehen, daß jedes Gas sich um $^1/_{273}$ seines Volumens bei 0° C. ausdehnt, wenn es um 1° C. erhitzt wird. Denken wir uns nun in einer Röhre **ab** (Fig. 48) eine Gasmasse von 0° C. und stellen wir uns vor, dieselbe werde nach und nach um je 1° C. abgekühlt, so verringert sich ihr Volumen jedesmal um $^1/_{273}$ ihres Volumens, welches sie bei 0° C. gehabt. Theilen wir also die Röhre in 273 gleiche Theile, so wird die Luft bei 100° Kälte bei dem Theilstrich 100 stehen, und bei 273° Kälte müßte die Luft bis auf den Boden der Röhre sich zusammengezogen haben, d. h. sie müßte eigentlich gar keinen Raum mehr einnehmen. Da dieses aber unmöglich ist, so folgern wir, daß die Luft dem *Gay-Lussac*'schen Gesetz nicht bis zu einer so tiefen Temperatur gehorcht, oder mit andern Worten, daß der Condensationspunkt der Luft schon vor 273° Kälte (nach der Scala von Celsius) liegt. Die Temperatur von — 273° C. nennt man den *absoluten Nullpunkt der Temperatur*; hier müßte alle Bewegung der Moleküle erloschen sein; er ist also der *wahre* Nullpunkt, von welchem aus die Temperaturgrade zu messen sein würden, und in der That bezieht man auch neuerdings bei vielen wissenschaftlichen Untersuchungen die Temperaturen auf diesen Nullpunkt.

Fig. 46.

Man nimmt an, daß die interplanetaren Räume sehr kalt seien und schätzt die Temperatur auf — 160° C. Da man aber noch nichts von flüssiger oder gefrorner Luft bemerkt hat, so ist jedenfalls anzunehmen, daß der Punkt, bei welchem die Luft flüssig würde, zwischen 160° und 273° Kälte liegen müsse. Jedenfalls aber liegt er vor dem absoluten Nullpunkt der Temperatur.

4.

Wir haben bisher in Betreff der sog. Molekularkräfte, Cohäsion und Expansion, nur die Andeutung gemacht, daß sie keine besonderen „Kräfte" seien, sondern ebenfalls auf mechanische Wirkungen zurückgeführt werden müßten. Die

Erklärungsversuche jedoch, welche man bis jetzt gemacht, sind noch keineswegs so klar und zwingend, daß es angezeigt wäre in einem populären Werke Ausführlicheres darüber zu geben; auch sind die Standpunkte, welche die einzelnen „Naturphilosophen" diesem Thema gegenüber einnehmen, sehr verschieden, weshalb wir uns auf einige kurze Andeutungen beschränken wollen.

Es herrscht ziemlich allgemein die Meinung, als ob im Anfang Alles in gasförmigem Zustand gewesen; das Universum war sozusagen mit lauter einzelnen Aetheratomen erfüllt; diese Aetheratome besaßen fortschreitende und drehende Bewegung zugleich, wie ja auch die heutige mechanische Wärmetheorie den Gasmolekülen diese beiden Arten von Bewegungen zuschreibt. Denken wir uns Alles in lauter Aetheratome aufgelöst, so werden dieselben unaufhörlich gegen einander prallen und es kann wohl eintreten, daß zwei oder mehrere solcher Theilchen, welche annähernd gleiche fortschreitende und drehende Bewegung besitzen, an irgend einem Orte zusammentreffen, und indem sie vielleicht noch durch den Anprall gegen einander ihre Bewegung vollkommen gegen einander abgeglichen, werden sie neben einander herlaufen und mit einander in gleicher Weise rotiren, als ob sie durch irgend eine Kraft zusammengehalten würden. Die drehenden Bewegungen der einzelnen Atome der Gruppe kann man zu einer Resultirenden, zu e i n e r drehenden Bewegung des Ganzen zusammengesetzt denken. Diese aber veranlaßt rundum die Aetheratomgruppe einen Aetherwirbel, indem andere noch freie Aetheratome, welche gegen die Gruppe anstoßen, mit in die drehende Bewegung hereingezogen werden. Dieser Wirbel pflanzt sich auf eine wenn auch sehr kleine Strecke fort; in nächster Nähe der Atomgruppe herrscht die größte Verdünnung und in einer weiteren Ferne tritt größere Verdichtung ein. In Folge davon entwickelt sich ein Druck von Außen gegen die Atomgruppe, so daß die Atome nicht blos einfach deswegen zusammenhalten, weil sie gleiche Bewegung besitzen, sondern auch, weil sie einen Druck von Außen erfahren. Stellt man sich vor, ein zweiter Aetherwirbel käme in die Nähe des ersten, so wird er sich gegen denselben hinbewegen wollen, weil nach demselben hin Verdünnung des Aethers herrscht. Auf diese Art ist es möglich, daß sich mehrere Gruppen vereinigen und, einen größeren Wirbel bildend, sich weiterbewegen, zugleich durch den Druck von Außen zusammengehalten (Cohäsion). Die zwischen ihnen befindlichen freien Aetheratome halten die einzelnen Gruppen durch ihre unaufhörlichen Anstöße aus einander (Expansion).

Während die einzelnen Aetherwirbel nur auf enorm kleine Entfernung hin ihren Einfluß geltend machen, muß bei größeren Massen die aus den rotirenden Bewegungen der einzelnen Theilchen sich ergebende Gesammtresultirende auf weitaus größere Entfernungen ihre Wirkung geltend machen. Rund um den Körper herrscht starke Verdünnung des Aethers, welche in die Ferne hin immer mehr (und zwar im Quadrat der Entfernung) abnehmen muß. Kommt ein anderer Körper in diesen Raum hinein, so wird er sich nach dem ersten hinzubewegen suchen, da, wie wir schon vorhin angegeben, die Verdünnung nach demselben hin immer mehr zunimmt. (Allgemeine Anziehung.)

Sind die Aetherhüllen zweier Körper an Dichtigkeit sehr verschieden von einander, was theils in der Menge der zu einem Molekül vereinigten Aetheratome, theils in ihrer Rotationsgeschwindigkeit begründet sein kann, so werden sie mit besonderer Heftigkeit gegen einander prallen; die Aetherhüllen wirbeln mächtig durch einander; die Moleküle stoßen auf einander; es wird vielleicht ein Theil des Aethers ausgeschieden, während schließlich eine gemeinsame

Aetherhülle das Ganze umschließt. (Chemische Action.) Bei vielen chemischen Actionen (Verbindungen) wird Wärme (oder Electricität) erzeugt; es setzt dieß voraus, daß die Verbindungsproducte eine geringere potentielle Energie besitzen als die ursprünglichen Körper. Bei andern chemischen Actionen (Zersetzungen) muß Wärme zugeführt, oder ein galvanischer Strom angewandt werden; die Zersetzungsproducte müssen demgemäß eine größere potentielle Energie besitzen als der oder die ursprünglichen Körper. Im einen Fall setzt sich potentielle Energie in Wärme (oder Electricität), im andern Wärme (oder Electricität) in potentielle Energie um.

Es ist unschwer einzusehen, daß äußere Einflüsse, namentlich die Temperatur, wesentlich den Verlauf der chemischen Actionen bedingen; denn diese hängen von der Verschiedenheit der Dichtigkeit des Aethers in den auf einander wirkenden Körpern ab; je nach der Constitution der Körper können diese äußeren Einflüsse sehr verschiedenartig auf dieselben einwirken, so daß z. B. bei einer gewissen Temperatur zwei Körper sich mit einander verbinden, während sie sich bei einer anderen (höheren) durch die allzusehr gesteigerte Bewegung der Aethertheilchen und deren heftigen Anprall gegen die Körpermolekūle wieder von einander trennen. In der Kälte treibt die Schwefelsäure die Borsäure aus ihren Verbindungen aus, in der Wärme ist es umgekehrt. Bei geringer Hitze geht Blei in gelbe Bleiglätte, bei größerer (nicht über 400°) in rothe Mennige über und bei noch stärkerer Hitze verwandelt sich die Mennige wieder in Bleiglätte. Eine Mischung von Schwefelsäure und Alkohol erzeugt, wenn ihr Siedepunkt bei 144° C. liegt, Aether, wenn er aber durch größeren Zusatz von Schwefelsäure auf 165° C. gesteigert wird, Leuchtgas. Es ließen sich leicht noch eine große Zahl von Beispielen anführen, welche zeigen, daß die Richtung der chemischen Processe je nach den Umständen wechselt und namentlich bei den complicirt zusammengesetzten organischen Gebilden oft in sehr enge Grenzen eingeschlossen ist.

Es darf deshalb auch nicht verwundern, daß die chemischen Processe im Pflanzen- und Thierkörper, wenn die bestimmenden Verhältnisse nicht wesentlich geändert werden, stets in der gleichen Weise verlaufen; dagegen sehr rasch einen andern Verlauf nehmen (Verwesung), wenn entweder irgend ein Organ mit der Zeit mangelhaft wird, oder die äußeren Einflüsse gewaltsame Veränderungen herbeiführen, namentlich auch, wenn irgend ein Stoff in den Organismus geräth, der an irgend einer Stelle einen Proceß einleitet, welcher von den bisher stattgehabten verschieden ist. Man hatte früher geglaubt, daß eine besondere Kraft, die „Lebenskraft" den chemischen Processen während der Lebensdauer ihre Richtung vorschreibe. Wenn man unter Lebenskraft die Gesammtheit aller Ursachen versteht, welche auf den Keim und den emporwachsenden organischen Körper einwirken, um gerade diese und keine anderen Vorgänge zu veranlassen, so ist gegen das Wort Lebenskraft nichts einzuwenden; eine specielle Kraft, außer der Gesammtheit aller äußerer Einwirkungen, wie Luft, Feuchtigkeit, Wärme, Licht, Bodenbeschaffenheit, Nahrungszufuhr 2c. in Verbindung mit der ursprünglichen Beschaffenheit des Keims annehmen zu wollen, ist mindestens überflüssig. Zwar ist es dermalen noch unmöglich bis in Einzelne hinein anzugeben, wie die bestehenden äußeren Einflüsse nothwendig gerade diese Richtung der chemischen Processe bedingen, aber bei der Complicirtheit der Bedingungen und der Zusammensetzung der organischen Körper ist es begreiflich, daß oft eine geringe Aenderung in dem Organismus selbst oder in den äußeren Einflüssen eine vollständige Aenderung des bisherigen Verlaufs der chemischen Processe herbeiführt, in Folge dessen der Organismus, wie er bisher bestanden, zerstört wird.

Wir verhehlen uns das Ungenügende dieser Darstellung nicht; wir wollten aber doch nicht versäumen, wenigstens eine Andeutung davon zu geben, in welcher Weise etwa die Molekularkräfte, die allgemeine Schwere und die chemische Action aus „Druck und Stoß" erklärt werden könnten. Wir fügen nur noch bei, daß die einzelnen Aetheratome nach dieser Anschauungsweise keine Schwere besitzen können; denn die allgemeine Anziehung resultirt aus der ungleichen Dichtigkeit des Aethers rund um größere Körper herum; einzelne Aetheratome können solche Wirbel nicht erregen und folglich können sie auch nicht in dieser Weise „anziehen".

Die Theorie über die innere Constitution der Körper, namentlich die Aether- und Atomtheorie, in ihrer einfachsten Gestalt, ist schon sehr alt. Der Aether figurirt bei den Alten als „Weltseele", als Stoff, durch den, nicht aus dem Alles gemacht sei. Ueberhaupt verbinden die Alten mit dem Wort Aether einen wesentlich anderen Begriff als die heutigen Naturforscher. In die heutige Wissenschaft ist er vornehmlich in Verbindung mit der Vibrationstheorie des Lichtes eingeführt worden.

Der Begründer der Atomistik ist der griechische Philosoph Demokrit (500—428 v. Chr.); nach ihm bestehen die Körper aus verschieden gestalteten, im Wesentlichen jedoch rundlichen Atomen, welche von Ewigkeit her existiren; die immerwährenden Veränderungen, welche in der Natur vor sich gehen, bestehen nur in der Trennung und Verbindung der Atome. Diese Wandelungen erfolgen aus einem Grunde und mit Nothwendigkeit; es ist also sowohl der Zufall als der Zweckbegriff ausgeschlossen. Die Verschiedenheit der Körper hat ihren Grund in der Verschiedenheit der Atome an Zahl, Größe, Gestalt und Zusammenfügung; die Atome sind stofflich nicht verschieden, haben keine inneren Kräfte und wirken auf einander nur durch Druck und Stoß.

Die Seele besteht aus den feinsten und glattesten Atomen. Die Bewegung der Seelenatome durch den ganzen Körper bringt die Lebenserscheinungen hervor.

Ganz ähnlich sind die Aufstellungen des Epikur und es ist nicht zu leugnen, daß die heutige Naturforschung in mehreren wesentlichen Punkten mit den Ansichten des alten Demokrit übereinstimmt.

Wie formenreich und farbenprächtig aber durch die exacte Forschung das Bild der mechanischen Theorie, zu der Demokrit nur einige grobe Pinselstriche geliefert hat, mit der Zeit geworden ist, wie zahllos die Thatsachen sind, auf welche die einzelnen Lehren sich stützen, wird Jeder leicht erkennen, der auch nur einigermaßen mit den Elementen der Naturwissenschaft vertraut ist. Die Aufstellungen des Demokrit waren Gedankenblitze ohne thatsächliches Fundament; seitdem aber Galilei das Princip der absoluten Leblosigkeit der Materie, das Princip der Trägheit naturwissenschaftlich festgestellt, ist die „Meinung" zu einer „Lehre" geworden, welche die Naturwissenschaft der letzten Jahrhunderte allerwege bestätigt gefunden hat.

Freilich hat man nicht sofort nach der Aufstellung dieses Princips die logischen Consequenzen aus demselben gezogen; die Naturwissenschaften wimmelten von Kräften aller Art, über welche in den sechziger Jahren ein geistreicher französischer Schriftsteller die ganze Lauge seines Spottes ausgoß: „Die Atome wählen also einander vermöge eines in ihnen liegenden Principes, sie haben eine eigene Initiative, sie haben einen Willen, sie haben Launen. Die Chemie wird auf diese Weise zum Studium der molekularen Leidenschaften! Wir finden da Sympathie und Antipathie, niedere Begierden und edle Gefühle, erlaubte Zärtlichkeiten und strafbare

Leidenschaften, glückliche Heirathen und gestörte Verbindungen, dumpfe Feindschaften und laute Kämpfe. Das sind die Idyllen und die Dramen, die Comödien und die Tragödien, welche sich tagtäglich zwischen den Molekülen abspielen!“

Gegen diese Auffassungsweise der natürlichen Erscheinungen hat der deutsche Arzt Mayer in Heilbronn, wenn auch nicht zuerst, so doch mit besonderem Erfolg das Wort erhoben und es ist seitdem immer mehr die Ansicht zur Geltung gekommen, daß bei der Abwesenheit aller Neigungen und Kräfte in der Materie jegliche Wirkung nur durch „Druck und Stoß“ erfolgen kann. Diese Gedankenbahn kann die Naturwissenschaft nicht mehr verlassen und es ist kein Zweifel, daß, wenn es auch vorläufig noch unmöglich ist, jede Naturerscheinung aus den Grundsätzen der Mechanik abzuleiten, doch die ganze Physik (in der weitesten Bedeutung des Wortes) immer mehr nur als ein Capitel der Mechanik erscheinen wird.

VIII. Die Fortpflanzung der Wärme und des Lichtes.

Als Melloni zuerst die Ansicht aufstellte, daß die Wärme auch durch die Körper hindurchstrahlen könne, ohne daß eine Fortflanzung von Körpertheilchen zu Körpertheilchen stattfände, stieß er auf den lebhaftesten Widerspruch; es schien auf der Hand zu liegen, daß (wenigstens bei festen Körpern) die Wärme nur durch Leitung weiterschreite.

Erst als Knoblauch die Versuche Melloni's wiederholte und erweiterte, gelangten die Ansichten Melloni's zu allgemeinerer Geltung. Uebrigens gibt es eine Anzahl alltäglicher Erscheinungen und sehr einfacher Versuche, welche beweisen, daß die Wärme auch durch die Körper hindurchgehen kann, ohne dieselben sonderlich zu erhitzen. Steht man z. B. in einem kalten Zimmer einem Ofen gegenüber, welcher eben angeheizt worden ist, so empfindet man eine stechende Wärme; stellt man einen Schirm vor den Ofen, so macht sich wieder der noch sehr niedrige Temperaturgrad der Luft im Zimmer geltend. Ein Thermometer, welches vor dem Schirm aufgehängt wird, zeigt einen viel höheren Temperaturgrad, als ein solches, welches hinter demselben sich befindet. Die Luft muß also die Wärme des Ofens sehr gut durch sich hindurchlassen, ohne selbst heiß dabei zu werden, während der eiserne Schirm dieß nicht thut. Auf hohen Bergen ist selbst bei Sonnenschein die Luft sehr kalt und doch bewirkt die Wärme der Sonne eine lebhafte Einwirkung auf die Haut.

Ein Thermometer, welches in der Sonne aufgehängt ist, steht viel höher, als ein anderes, welches dicht daneben im Schatten hängt. Wegen der leichten Beweglichkeit der Luft und wegen der unmittelbaren Nähe, in der die Thermometer sich befinden, kann man unmöglich annehmen, daß die Luft, welche das erste Thermometer umgibt, wesentlich heißer sei, als diejenige, welche das zweite umspült; es müßte sofort eine Strömung der kälteren und dichteren nach der heißeren und dünneren Luft und damit eine Ausgleichung der Temperatur eintreten.

Stellt man ein feines Thermometer einem Springbrunnen gegenüber auf und bringt auf die andere Seite einen heißen Körper, so steigt das Thermometer augenblicklich: dieser Versuch zeigt auf das Deutlichste, daß die Wärme auch mit blitzartiger Geschwindigkeit durch andere Körper hindurchgehen kann, ohne diese selbst sonderlich in ihrer Temperatur zu erhöhen. Da das Wasser des Springbrunnens beständig mit großer Geschwindigkeit aufspringt, so hat es nicht Zeit die auf dasselbe fallende Wärme durch

Leitung auf die Luft und von da auf das Thermometer zu übertragen; es muß die Wärme ebenso ungehindert durch das Wasser strahlen können, wie das Licht durch eine Fensterscheibe. Eine gut polirte Spiegelscheibe läßt bekanntlich alle Gegenstände durch sich hindurch mit vollster Deutlichkeit erkennen, während sie selbst fast unsichtbar ist; ein Gegenstand, welchen man hinter der Scheibe aufstellt, wird augenblicklich auf der andern Seite gesehen: Licht und Wärme können also fast ohne Zeitverlust durch andere Körper sich verbreiten. Ebenso wie es durchsichtige und undurchsichtige Körper gibt, gibt es auch durchwärmige (diathermane) und undurchwärmige (athermane). Außer trockener Luft sind es namentlich Steinsalz (Chlornatrium) und Sylvin (Chlorkalium), welche die Wärme fast unvermindert durch sich hindurchlassen. Wenn von der auf eine Steinsalzplatte auffallenden Wärmemenge 8% nicht hindurchgelassen werden, so wird dieselbe nicht sowohl von Steinsalz absorbirt (und die Temperatur desselben dadurch erhöht) sondern reflectirt, wie man durch genauere Versuche nachweisen kann; schon der Umstand, daß eine sehr dicke Steinsalzplatte ebensowohl 92% der auffallenden Wärme durchläßt, wie eine ganz dünne, beweist, daß das Steinsalz keine, oder nur sehr wenig Wärme absorbirt; denn wenn dieß in erheblichem Grade stattfände, so müßte die Menge der absorbirten Wärme der Dicke der Platte proportional sein.

Wenn auf irgend einen andern Körper, z. B. auf eine Glasscheibe Wärme fällt, so wird ein Theil derselben an der Vorderfläche und Hinterfläche reflectirt, ein anderer Theil wird absorbirt, indem er dadurch eine Erwärmung der Glasscheibe bewirkt und ein dritter Theil wird hindurchgelassen.

Wir haben nun schon gezeigt, daß die Temperatur eines Körpers auf den schwingenden Bewegungen der Moleküle beruht; wird also Wärme absorbirt, so heißt dieß, ein Theil der auffallenden Wärme bewirkt eine rasche (zitternde) Bewegung der Moleküle des Körpers. Es fragt sich nun aber, auf welche Weise die strahlende Wärme fortgepflanzt wird.

Zunächst würde noch der Unterschied zwischen Wärmeleitung und Wärmestrahlung in Berücksichtigung zu ziehen sein. Berührt man eine Steinsalzplatte mit einem heißen Körper, so erwärmt sich dieselbe: die in heftiger Bewegung befindlichen Moleküle des heißen Körpers versetzen die Moleküle des Steinsalzes ebenfalls in Schwingungen; stellt man aber einen heißen Körper in einiger Entfernung von dem Steinsalz auf, so wird dieses selbst nicht warm, wohl aber geht die Wärme durch dasselbe hindurch; es müssen also, da doch immerhin Schwingungen irgend einer Materie stattfinden, noch andere Stofftheilchen außer den Molekülen vorhanden sein, welche die Bewegung fortpflanzen; auch müssen dieselben außerordentlich klein sein, da sie bei ihrem Anprall gegen die viel größeren Moleküle diese kaum in Bewegung zu setzen im Stande sind, namentlich wenn der Körper innerlich so construirt ist, daß die erwähnten außerordentlich feinen Theilchen sich zwischen den Molekülen ziemlich ungehindert bewegen können.

Die meisten Physiker haben deshalb sich der Hypothese angeschlossen, daß es einen außerordentlich feinen, im höchsten Grad elastischen Körper, den „Aether“ gäbe, welcher den ganzen Weltenraum und die Poren aller Körper erfülle. Daß der Aether sehr fein sein muß, geht u. A. auch daraus hervor, daß er sich selbst mit der Quecksilberluftpumpe nicht auspumpen läßt und jedenfalls durch die Poren der Körper, wie z. B. einer Glasröhre ohne Schwierigkeit dringen kann. Eine Glasröhre, welche so weit ausgepumpt ist, daß selbst der electrische Funke nicht mehr hindurchgeht, obwohl in dem etwas weniger verdünnten Raum die Electricität auf große

Entfernungen überspringt, läßt noch Wärme und Licht ohne bemerkbare Abnahme hindurch. Nun kann aber jedenfalls die Wärme (und das Licht) nicht durch den absolut leeren Raum gehen, denn es muß doch irgend ein Stoff vorhanden sein, welcher die Uebertragung der Bewegung vermittelt; folglich muß in dem auf den höchsten Grad der Verdünnung gebrachten Raum der erwähnten Glasröhre noch ein (jedenfalls sehr feiner) Stoff sein, welcher das Licht und die Wärme fortpflanzt. Es wird nun aber nöthig sein, vorerst durch eine Reihe von Erscheinungen nachzuweisen, daß die strahlende Wärme wirklich auf Schwingungen beruhen muß. Hierzu bieten uns die Erscheinungen der Interferenz und Beugung die unzweifelhaftesten Belege. Da indessen die Wärmephänomene sich viel schwieriger zugänglich machen lassen als die entsprechenden Lichterscheinungen, so wollen wir lieber diese unserer Betrachtung zu Grunde legen, umsomehr als sich später zeigen wird, daß Licht und Wärme im Grund genommen identisch sind. Läßt man durch ein feines Loch im Laden eines dunklen Zimmers ein Bündel Lichtstrahlen einfallen, so entsteht auf der gegenüberliegenden Wand oder einem weißen Papierschirm ein heller (etwa thalergroßer) Fleck. Läßt man nun durch ein anderes Loch, welches sehr nahe an dem ersten liegt, noch ein Bündel Lichtstrahlen fallen, so entsteht auf dem Schirm ein zweiter Fleck, welcher theilweise auf den ersten fällt. Man sollte nun glauben, daß die doppelt beschienene Stelle besonders hell sein müßte; dieß ist auch in der Mitte desselben wirklich der Fall; am Rande aber zeigt sich rund herum ein eigenthümlicher Schatten, der sich bei genauerer Betrachtung in eine große Zahl dunkler Streifen auflöst. Hieraus ergibt sich die merkwürdige Thatsache, daß doppeltes Licht Dunkelheit erzeugen kann. Später hat Fresnel den Versuch von Grimaldi in anderer Weise angestellt. Da nämlich eigen=

thümliche Erscheinungen, sogen. Beugungserscheinungen auftreten, wenn das Licht durch enge Oeffnungen fällt und insofern der Grimaldi'sche Versuch nicht als reine Interferenzerscheinung angesehen werden konnte, so ließ Fresnel Licht (z. B. von einer Kerzenflamme) auf zwei Spiegel fallen, welche nur sehr wenig gegen einander geneigt waren. Die von dem einen Spiegel reflectirten Strahlen treffen mit denen des andern zusammen und wenn man in geeigneter Weise in die Spiegel hereinsieht, so bemerkt man abwechselnd helle und dunkle Streifen. Wenn ein gewöhnlicher Spiegel nicht ganz eben ist, so bemerkt man von einiger Ferne in den Spiegel sehend ohne alles Weitere helle und dunkle Streifen.

Grimaldi, welcher (1665) den erwähnten Versuch zuerst angestellt, glaubte diese Erscheinung nur durch die Annahme erklären zu können, daß das Licht auf Wellenbewegungen beruhe. Wirft man einen Stein ins Wasser, so entstehen rund um denselben abwechselnd kreisförmige Wellen-Berge und -Thäler. Wirft man noch einen Stein daneben, so entsteht ein zweites Wellensystem, welches sich mit dem ersteren kreuzt — interferirt. Da nun, wo zwei Wellenberge zusammentreffen, d. h. wo die Wassertheilchen von jedem der beiden Wellenzüge angeregt, auf ihren kreisförmigen Bahnen, nach oben getrieben werden, entsteht ein erhöhter Berg, da, wo beide Wellenzüge die Wassertheilchen nach unten treiben, entsteht ein vertieftes Thal; an andern Stellen aber, wo Berg und Thal zusammenkommen, d. h. wo der eine Wellenzug die Wassertheilchen nach oben, der andere nach unten treiben will, gleichen sich Berg und Thal zur gewöhnlichen Oberfläche aus und die Wassertheilchen kommen zur Ruhe.

Ein sehr interessantes Beispiel von Interferenz hat Tyndall am Niagara, etwas unterhalb der großen Wasserfälle, wo der Fluß durch eine enge Schlucht mit großer Geschwindigkeit fließt, beobachtet. In der Mitte des Flusses springen von Zeit zu Zeit gewaltige Wassersäulen in die Höhe, welche nach Tyndall's Ansicht dadurch erzeugt werden, daß sich durch den Anprall des Wassers an den großen Steinmassen an den Ufern größere Wellen bilden, welche sich nach der Mitte hin fortpflanzen; wenn nun an irgend einer Stelle mehrere Wellenberge gleichzeitig eintreffen, so kann eine gewaltig verstärkte Bewegung nach oben eintreten.

Denkt man sich nun, das Licht entstehe ebenfalls durch Wellenbewegungen, so ist es möglich, daß wenn zwei Lichtstrahlen an einer Stelle zusammentreffen, der dort befindliche Aether von beiden Lichtstrahlen nach derselben oder nach entgegengesetzten Seiten getrieben wird; im ersten Fall entsteht verstärkte Bewegung des Aethers, also doppelte Helligkeit, im zweiten Fall Ruhe, d. h. Dunkelheit.

Es ist von besonderer Wichtigkeit, sich das Wesen der Interferenz vollkommen klar zu machen, da sie eine Hauptstütze der Wellentheorie bildet. Wir wollen deswegen noch einige Beispiele aus der Lehre vom Schall hier anführen. Hält man eine Stimmgabel über eine Glasröhre von geeigneter Länge, so tönt bekanntlich die Luftsäule mit. Allein diese Behauptung ist nicht absolut richtig. Dreht man nämlich die Stimmgabel, deren beide Zinken über der Oeffnung der Glasröhre sich befinden, einmal ganz um, so hört man in 4 Lagen den Ton sehr laut, während er in 4 andern völlig verschwindet. Die zwei Stimmgabelzinken erregen zwei Luftwellen, welche mit einander interferiren, an gewissen Stellen einander verstärken und an andern vernichten. Daß diese Erscheinung wirklich durch Interferenz hervorgebracht wird, beweist der Umstand, daß die 4 malige Anschwellung und Abnahme des Tones aufhört, wenn man über die eine Zinke eine Pappröhre hält.

Läßt man eine Schallwelle in eine Röhre eintreten, welche sich in 2 Röhren, die sich weiterhin wieder vereinigen, abzweigt, so theilt sich auch die Schallwelle in 2 Wellenzüge, welche späterhin wieder zusammentreffen. Je nach der Differenz der Wege, welche die Wellenzüge gemacht haben, werden dieselben beim Zusammenkommen einander entweder verstärken, oder schwächen; trifft Verdichtung auf Verdichtung (und Verdünnung auf Verdünnung), so wird der Ton verstärkt; trifft aber die verdichtete Luft der einen Welle mit der verdünnten der andern zusammen, so wird der Ton ausgelöscht. Fig. 49 zeigt eine solche Röhre; sie läßt sich

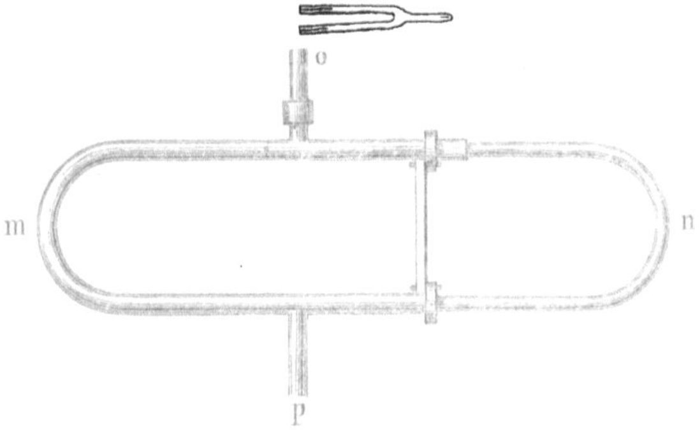

Fig. 49.

posaunenartig ausziehen und dadurch kann die Differenz der Wege verändert werden. Hält man eine Stimmgabel über o und horcht an dem andern Ende p, so wird der Ton bald vernehmbar sein und bald wieder nicht, wenn man die Röhre immer weiter auszieht; der eine Wellenzug geht von o über m nach p, der andere über n nach p. Man kann auf diese Art auch die Wellenlänge des Stimmgabeltones bestimmen. Ist bei einer gewissen Längendifferenz der beiden Röhren=

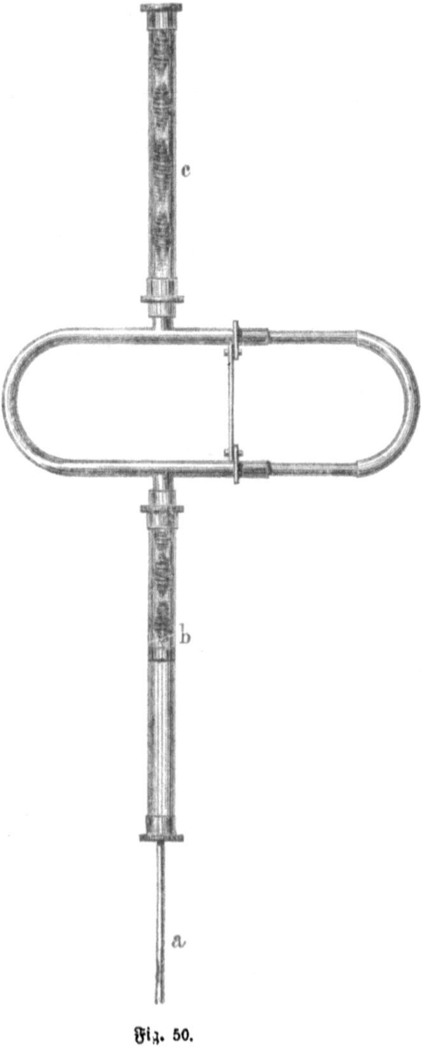

Fig. 50.

theile der Ton im Maximum der Stärke und zieht man sie so weit aus, daß ein zweites Maximum eintritt, so gibt die durch das Ausziehen der Röhre bewirkte Verlängerung die Größe einer Welle an.

Mit Hilfe der Kundt'schen Staubfiguren kann man die Interferenz auch dem Auge sichtbar machen. Man schiebt das eine Ende der früher beschriebenen Kundt'schen Röhre in das eine Ende der Interferenzröhre und in das andere Ende schiebt man eine zweite Glasröhre, in welcher sich etwas Korkstaub befindet. (Vergl. Fig. 50.) Reibt man die lange dünne Röhre a, so bilden sich bei einer gewissen Längendifferenz der beiden Röhrentheile Staubfiguren auch in c und nicht blos in b; schüttelt man den Staub in c, so daß die Figur verschwindet und zieht die Röhre etwas weiter aus, so bleibt der Staub in c beim Reiben der Glasröhre a ruhig; zieht man wieder etwas weiter aus, so entstehen die Figuren in c wieder ꝛc., dabei stimmt die Entfernung der Knotenpunkte der Staubfiguren (welche die Länge einer Welle angibt), mit der Verlängerung der Röhre, welche den Abstand zweier auf einander folgender Punkte größter (oder kleinster) Wirkung bezeichnet, überein.

Die von Grimaldi aufgestellte Ansicht über die Entstehung der Lichterscheinungen durch Wellenbewegung blieb lange Zeit unbeachtet, bis sie durch Huyghens und Euler mathematisch ausgebildet, von Young durch die Entdeckung der Interferenzerscheinungen wesentlich gestützt und durch die berühmten Versuche von Fresnel unzweifelhaft festgestellt wurde. Zu diesen „Interferenzversuchen" traten die ebenfalls von Grimaldi angeregten und von späteren Physikern vervollkommneten „Beugungserscheinungen" hinzu, welche übrigens auch auf Interferenz, auf dem Zusammenwirken mehrerer von verschiedenen Punkten ausgehenden Strahlen beruhen.

Läßt man durch einen feinen Spalt im Laden eines dunklen Zimmers ein Band paralleler Strahlen fallen, so sollte man glauben, es müsse auf dem gegenüberstehenden Schirm ein heller Streifen entstehen, welcher genau so breit ist als der Spalt. Aus den gewöhnlichen Erscheinungen nämlich glaubt man folgern zu dürfen, daß das Licht sich geradlinig verbreitet — eine Flamme wird nicht mehr gesehen, wenn in gerader Linie zwischen ihr und dem beschauenden Auge ein dunkler Körper tritt; bei unserem Versuche aber zeigt sich auf dem Schirm ein Lichtbild, welches vielhundertmal breiter ist als der Spalt und gerade um so ausgedehnter wird, je mehr man den Spalt verengt: in der Mitte ist ein heller breiter Streifen, welcher am Rande farbig gesäumt ist; dann folgt rechts und links je ein dunkler Streifen, dann wieder ein mäßig heller und gefärbter, halb so breit als der mittlere helle Streifen, dann kommt wieder ein dunkler Streifen, auf welchen ein heller folgt, der aber schon eine viel geringere Lichtintensität besitzt u. s. w., bis schließlich die hellen Streifen von den dunklen nicht mehr zu unterscheiden sind.

Bei der Erklärung dieser Erscheinung muß man besonders beachten, daß wenn ein Aethertheilchen von einem Lichtstrahl getroffen wird, dasselbe die Bewegung nicht blos in der Richtung des Strahles, sondern nach allen Richtungen hin fortpflanzt. Aehnliches gilt für Wasser- und Schallwellen; wenn man in einer Röhre, welche in ein Wasserbassin mündet, eine Welle erregt, so pflanzt sich dieselbe nicht blos in der Richtung der Röhre im Wasser des Bassins fort, sondern es bilden sich am Ausgang der Röhre kreisförmige Wellen im Wasser des Bassins, woraus ersichtlich ist, daß ein durch die Welle erregtes Wassertheilchen seine Bewegung nach allen Richtungen hin fortpflanzt.

In unserem Versuch nun pflanzen in gleicher Weise die im Spalt befindlichen, von den eintreffenden Lichtstrahlen in Schwingungen versetzten Aethertheilchen ihre Bewegung nach allen Richtungen auf die angrenzenden Aethertheilchen fort, so daß es hinter dem Spalt rundum hell werden müßte, wenn nicht die meisten Lichtstrahlen einander durch Interferenz vernichteten und zwar diejenigen am vollkommensten, welche am meisten seitwärts von der geraden Linie liegen, die den Spalt mit der Lichtquelle verbindet. Es läßt sich leicht und vollkommen exact nachweisen, an welchen Stellen die Lichtstrahlen in Bezug auf die Bewegung des Aethers einander vollkommen oder nur theilweise unterstützen, so daß ganz- oder halbhelle Streifen entstehen und wo sie genau entgegengesetzt auf den Aether wirken, so daß ganz dunkle Streifen sich bilden. Nimmt man nach der Reihe Lichtquellen, welche die einzelnen Farben des Regenbogens besitzen (roth, orange, gelb, grün, blau, indigoblau und violett), so hat das Beugungsbild und seine einzelnen Streifen eine um so geringere Breite, je mehr die Farbe der Lichtquelle dem violetten Ende der Farbenreihe sich nähert. Man erklärt dieß durch die verschiedene „Wellenlänge", welche den einzelnen Farben entspricht. Wir wollen uns dieß wieder an den Wasserwellen klar machen. Berg und Thal bilden zusammen eine Welle und die Entfernung eines Berges von dem nächstfolgenden wird die Länge einer Welle genannt. Man kann sich nun Wasserwellen von sehr verschiedener Wellenlänge vorstellen. Treffen zwei Wellenzüge mit großer Wellenlänge zusammen, so sind die Orte, wo Verstärkung und Vernichtung der Bewegung stattfindet, ziemlich weit aus einander, während sie bei geringerer Länge der Wellen (bei engeren Wellenkreisen) näher beisammen liegen. Hieraus ist ersichtlich, daß dem rothen Licht die größte und dem violetten die kleinste Wellenlänge entspricht. Auch ist es möglich aus der Breite der Interferenzstreifen mit großer Genauigkeit die Wellenlänge der einzelnen Farben zu bestimmen. So beträgt z. B. nach den auf solche Art angestellten Messungen die Wellenlänge im äußersten Roth 738, im mittleren Gelb 553 und im äußersten Violett 369 Milliontel eines Millimeters. Daraus würde sich, wenn man die Fortpflanzungsgeschwindigkeit des Lichts gleich 300000 Kilometer annimmt, die Zahl der Schwingungen für das äußerste Roth gleich 400, für das mittlere Gelb gleich 500 und für das äußerste Violett gleich 850 Billionen Schwingungen in der Secunde ergeben.

Es erklärt sich nun auch leicht, warum weißes Licht farbige Streifen liefert. Das weiße Licht enthält alle 7 Regenbogenfarben und wenn dieselben an irgend einer Stelle mit entsprechender Intensität zusammentreffen, so erzeugen sie wieder die weiße Farbe. Die Beugungserscheinung, welche durch weißes Licht entsteht, kann als aus 7 farbigen Beugungserscheinungen, welche verschiedene Breite haben, zusammengesetzt gedacht werden. Nur in der gemeinsamen Mitte des Beugungsbildes treffen die 7 Farben in entsprechender Intensität zusammen; das Mittelbild wird also weiß; von der Mitte ab fallen aber die hellen und dunklen Streifen der einzelnen Farben nicht genau auf einander und deshalb wird an den verschiedenen Stellen bald diese, bald jene Farbe besonders heraustreten.

Aehnliche Interferenzerscheinungen bilden sich, wenn das Licht an den Rändern dunkler Körper vorübergeht.

Newton hatte u. A. gegen die Vibrationstheorie den Einwand erhoben, daß, wenn das Licht durch Wellenbewegung entstände, es sich auch um dunkle Körper herumbeugen und nicht einfach in gerader Richtung an den Rändern vorbeigehen könnte. Die Wasserwellen biegen sich um einen Fels herum, Schallwellen treffen unser Ohr auch hinter einer

Wand; bei dem Licht ist nichts derartiges (bei ungenauer Betrachtung) bemerkbar. Durch die Entdeckung der Beugungserscheinungen aber ist der Einwand Newton's erledigt; allerdings sind dieselben wegen der außerordentlichen Kürze der Lichtwellen schwer bemerkbar und außerdem vernichten sich die Wellen größtentheils durch Interferenz.

Es gibt wohl kaum eine Theorie, welche außer der astronomischen (über die Bewegung der Himmelskörper) eine so vollständige Ausbildung erlangt hat, wie die auf die Vibrationen des Aethers gegründete Theorie des Lichts; die complicirtesten Erscheinungen lassen sich mit Hilfe dieser Hypothese ungezwungen erklären, und da ferner Erscheinungen, welche man zuerst auf mathematischem Wege abgeleitet, durch das Experiment sich bestätigen ließen, so kann man wohl keinen Zweifel mehr hegen, daß wir es hier mit einer wohlbegründeten Theorie zu thun haben.

Die Newton'sche Emissionstheorie, nach welcher das Licht ein sehr feiner Stoff sein soll, welcher von dem leuchtenden Körper mit außerordentlicher Geschwindigkeit ausgeschickt werde, mußte von der Annahme ausgehen, daß das Licht in dichteren, resp. stärker brechenden Mitteln sich schneller als in schwächer brechenden fortpflanze; aus der Vibrationstheorie aber läßt sich folgern, daß das Umgekehrte stattfinden müsse. Newton ging von der Ansicht aus, daß die von leuchtenden Körpern ausstrahlenden Lichtmoleküle ähnlich wie ein Magnet mit zwei Polen begabt seien und sich außerdem in beständiger Rotation befänden; wenn nun ein Lichtmolekül in die Nähe eines Körpers kommt und demselben seinen abstoßenden Pol entgegenkehrt, so wird es reflectirt; wenn ihm aber sein anziehender Pol gegenübersteht, so beschleunigt es seine Bewegung und dringt in den Körper mit vergrößerter Geschwindigkeit ein; außerdem aber bewirkt die schon bei Annäherung des Lichtmoleküls an den Körper auftretende Anziehung, daß es von seiner Richtung abgelenkt wird. Die Vibrationstheorie aber muß gerade die entgegengesetzte Annahme machen, um die Ablenkung der Lichtstrahlen erklären zu können, nämlich die, daß in stärker brechenden Mitteln die Bewegung des Aethers verzögert werde.

Der berühmte holländische Mathematiker Huyghens, welcher die Brechung des Lichtes nach der Vibrationstheorie zuerst erklärt hat, legt seiner Betrachtung nicht eine einzelne, sondern eine Anzahl gleichzeitig mit einander fortschreitender Wellen zu Grunde. Solche Wellencomplexe sind keineswegs eine Fiction. Am Ufer des Meeres sieht man ununterbrochen große Wellenzüge von oft über 100 Fuß Länge mit fast geradliniger Front gegen den Strand hin sich fortpflanzen: es ist dieß ein Complex vieler kreisförmiger Wellen, welche neben einander mit gleicher Geschwindigkeit fortgehen und sich so mit einander vermischen, daß das Ganze wie ein Wellenzug mit geradliniger Front aussieht: Unterbrechungen

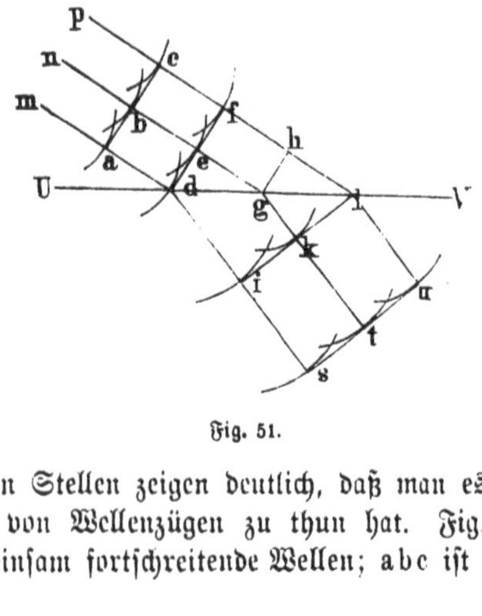

Fig. 51.

an einzelnen Stellen zeigen deutlich, daß man es mit einem Complex von Wellenzügen zu thun hat. Fig. 51 zeigt 3 solche gemeinsam fortschreitende Wellen; abc ist die gemeinsame Wellenfront, welche auf der Richtung der Fortpflanzung der Bewegung ma, nb, pc senkrecht steht.

Leicht kann man einen solchen Wellenzug herstellen, wenn man in gerader Linie neben einander eine Anzahl Steine gleichzeitig ins Wasser fallen läßt.

Vor Allem aber wird es nöthig sein auseinanderzusetzen, warum Huyghens seiner Betrachtung nicht eine einzige Welle, sondern einen Complex gleichzeitig mit einander fortschreitender Wellen zu Grunde gelegt hat. Wir haben früher schon erwähnt, daß eine einzelne Luftwelle keinen genügenden Eindruck auf unser Ohr hervorbringt, sondern daß dazu immer eine Anzahl von Wellen gehört, welche mit einander interferirend eine bedeutend verstärkte Bewegung erzeugen (vergl. die Interferenzerscheinung am Niagara). Aehnlich ist es bei den Lichtwellen in Bezug auf den Sehnerven. Kommen eine Anzahl paralleler oder von einem Punkt ausgehender Lichtstrahlen ins Auge, so werden sie durch die Augenlinse in einen Punkt zusammengebrochen; es treffen hier eine Anzahl Lichtwellen zusammen, welche den dort befindlichen Aether in so heftige Bewegung versetzen, daß derselbe im Stande ist den verhältnißmäßig sehr massiven Sehnerven in Schwingung zu versetzen.

Denken wir uns nun 3 Lichtwellen mit der Front abc (Fig. 51) gegen die Oberfläche eines stärker brechenden Mittels z. B. gegen eine Wasseroberfläche vorschreiten. Zunächst ist zu bemerken, daß der Beobachtung zufolge ein ins Wasser eintretender Lichtstrahl nach dem Einfallsloth hingebrochen wird: errichtet man im Punkte d ein Loth auf die Trennungsfläche UV von Licht und Wasser, so ist der Einfallswinkel, d. h. der Winkel, den der einfallende Strahl md mit dem Lothe bildet, größer als der Brechungswinkel (zwischen dem Loth und dem gebrochenen Strahl ds) und zwar verhalten sich die Sinus dieser Winkel wie 4 : 3.

Um diese Erscheinung erklären zu können, machte Huyghens die Annahme, daß die Dichtigkeit des Aethers in stärker brechenden Mitteln größer sei (ohne daß die Elasticität in demselben Maß wachse) und somit die Fortpflanzungsgeschwindigkeit geringer sei, als in der Luft. Schreitet in der Luft die Welle c (Figur 51) in einer gewissen Zeit von f bis l fort, so schreitet im Wasser die Welle a nur um $^{3}/_{4}$ und die Welle b, nachdem sie ins Wasser bei g eingetreten, nur um $^{3}/_{8}$ von fl fort; zieht man an diese kreisförmigen Wellen in i, k und l die gemeinsame Berührende, so hat man die neue Wellenfront. Von nun an bleibt natürlich die Richtung der Wellenfront und die auf ihr senkrecht stehende Fortpflanzungsrichtung der Wellen erhalten, solange die Lichtstrahlen sich im Wasser bewegen.

Jeder, der mit den Elementen der Mathematik vertraut ist, sieht sofort, daß die Construction von Huyghens mit derjenigen, welche aus der Beobachtung hergeleitet ist, übereinstimmt.

Geht ein Lichtstrahl von einem stärker in ein schwächer brechendes Mittel, so biegt sich die Welle nach der entgegengesetzten Seite um.

Es widersprechen demnach die Emissions- und Vibrationstheorie einander direct, indem die eine voraussetzt, daß das Licht in stärker brechenden Mitteln rascher sich fortpflanze, während die andere von der entgegengesetzten Hypothese ausgeht. Nun hat aber Foucault (nach einer von Arago ausgesprochenen Idee) experimentell nachgewiesen, daß sich das Licht im Wasser langsamer fortpflanzt als in der Luft — und damit ist denn die Emissionstheorie endgiltig widerlegt.

Die Annahme von Huyghens, daß das Licht um so stärker gebrochen werde, je dichter der Aether in einem Körper sei, erhält durch die Thatsache eine vorzügliche Stütze, daß erhitztes Wasser und namentlich Wasserdampf das Licht weit weniger bricht als kaltes Wasser.

Die Interferenz- und Beugungserscheinungen, welche zuerst auf die Vibrationstheorie geführt haben, zeigen sich nicht minder bei der Wärme, nur daß man es hier mit warmen und kalten Streifen zu thun hat, daß also doppelte Wärme möglicherweise Kälte erzeugen kann.

Einen sehr deutlichen Beweis, daß es außer den Körpermolekülen noch einen andern Stoff geben muß, durch dessen Schwingungen Licht und Wärme fortgepflanzt wird, bietet die Thatsache dar, daß durch erhitzte Körper Licht und Wärme besser hindurchgehen als durch kalte. Feine Goldblättchen, welche aufeinandergelegt und in einer Röhre eingeschlossen sind, lassen bei gewöhnlicher Temperatur einzeln das Licht mit grünlichblauer und zu mehreren vereinigt mit röthlichbrauner Farbe durch; erhitzt man aber die Röhre, so sieht man die Blättchen kaum mehr: sie lassen alle Farben unverändert hindurch.

Die Schwingungen des Aethers können sich besser fortpflanzen, wenn die Körpermoleküle weiter von einander entfernt sind: auch können sich die Aetherwellen bei manchen Körpern nur bis zu einer geringen Tiefe unter der Oberfläche ausbreiten, weil sie von den Körpermolekülen gehemmt werden.

Werden erhitzte Goldplättchen gepreßt, so nehmen sie wieder ihre grünliche Farbe an.

Körper mit dichteren Oberflächen reflectiren besser (polirtes Metall) als solche mit rauhen; in letztere dringt Licht und Wärme tiefer ein, um dort absorbirt zu werden, weshalb sie sich, Wärmestrahlen ausgesetzt, rascher erhitzen.

Umgekehrt strahlen auch Körper mit rauhen Oberflächen ihre Wärme besser aus.

So unzweideutig nun auch die erwähnten Phänomene auf die Nothwendigkeit der Annahme von Schwingungen hinweisen, durch welche Licht und Wärme fortgepflanzt wird, so ungewiß lassen sie uns darüber, welcher Art die Schwingungen sind. Nun gibt es aber andere Erscheinungen, welche geeignet sind über diesen Punkt hinreichende Klarheit zu verschaffen; unter diesen sind vor Allem die Erscheinungen der Polarisation zu nennen.

Wenn ein Lichtstrahl ab (Fig. 52) unter einem Winkel von 35° 25′ auf einen ebenen Glasspiegel cd fällt, so ist er nach der Reflexion (in der Richtung be) eigenthümlich verändert. Während nämlich ein gewöhnlicher Lichtstrahl unter allen Umständen von einem Spiegel reflectirt wird, so ist dieß bei einem solchen, der bereits unter einem Winkel von 35° 25′ von einem Glasspiegel reflectirt worden ist, nicht mehr durchweg der Fall. Um dieß zu zeigen, läßt man den Strahl be auf einen zweiten Spiegel gh, welcher dem ersten Spiegel parallel ist, auffallen; unter diesen Umständen wird er wohl noch reflectirt, wie man sich überzeugen kann, wenn man in der Richtung fe in den Spiegel gh hereinsieht; ist z. B. der Gegenstand a, von dem das Licht ausgeht, eine Kerzenflamme, so sieht das Auge hinter dem Spiegel gh in der Verlängerung von fe das Bild der Kerze. Wenn man nun den Spiegel gh um die Linie be so dreht, daß er immer einen Winkel von 35° 25′ mit der=

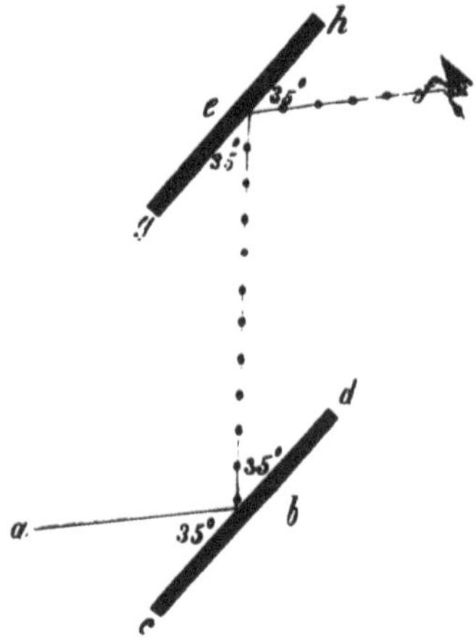

Fig 52.

selben bildet, so wird das Bild der Kerze immer dunkler und verschwindet völlig, wenn der Spiegel eine Vierteldrehung ausgeführt hat; bei weiterer Drehung erscheint das Bild wieder und wird am hellsten, wenn der Spiegel eine halbe Drehung vollendet hat: dreht man weiter, so wird das Bild der Kerze wieder dunkler, um bei Dreiviertelumdrehung ganz zu verschwinden; im letzten Viertel der Drehung wird das Bild allmälig wieder heller und erlangt seine ursprüngliche Intensität wieder, wenn die Spiegel ihre erste Lage eingenommen haben.

Nach der Einviertel- und Dreiviertelrehung sagt man, die Spiegel seien in gekreuzter Stellung, während sie in der ursprünglichen Lage und nach einer halben Umdrehung in paralleler (resp. antiparalleler) Stellung sich befinden. Ein unter einem Winkel von 35° 25′ von einem Glasspiegel reflectirter, sogen. polarisirter Strahl hat also ganz andere Eigenschaften wie ein gewöhnlicher Lichtstrahl; es muß dieß jedenfalls darin liegen, daß die Schwingungsweise der Aethertheilchen eine andere ist.

Mit größter Gewißheit können wir aus den Polarisationserscheinungen den Schluß ziehen, daß die Aethertheilchen bei einem polarisirten Lichtstrahl nicht in der Richtung des Strahles selbst schwingen können, denn wenn dieß stattfände, so wäre nicht abzusehen, warum ein solcher Strahl bald reflectirt werden sollte und bald nicht, während er doch stets unter demselben Winkel auf den oberen Spiegel trifft, die Bedingungen also bei jeder Lage desselben genau die gleichen wären.

Anders wird die Sache, wenn wir annehmen, die Aethertheilchen vollzögen ihre Schwingungen senkrecht zur Richtung des Strahles. Wenn wir freilich voraussetzen würden, daß die Schwingungen nach allen Richtungen, welche auf dem

Strahl senkrecht stehen, vor sich gehen könnten, das eine nach dieser, das andere nach jeder (wie etwa die Speichen eines Rades gegen die Achse liegen), so wären wiederum die Bedingungen, unter denen ein polarisirter Strahl gegen den oberen Spiegel trifft, bei allen Lagen desselben gleich und es wäre wiederum nicht abzusehen, warum der Strahl bald reflectirt werden sollte und bald nicht. Man ist deshalb genöthigt anzunehmen, die Aethertheilchen bewegten sich bei einem polarisirten Lichtstrahl senkrecht zur Richtung des Strahles, aber stets in einer Ebene und nicht beliebig rundum. Durch den Strahl kann man aber beliebig viele Ebenen legen und es fragt sich nun, welches die Vibrationsebene sei. In dieser Frage gehen nun allerdings die Meinungen der Physiker aus einander; die einen sind der Ansicht, daß die Schwingungen des Aethers senkrecht zur Reflexionsebene abe (Fig. 52), die andern, daß sie in der Reflexionsebene erfolgten; weitaus die meisten schließen sich jedoch der ersten, von Fresnel aufgestellten Theorie an. Folgen wir, um die Begriffe zu fixiren, der ersten Ansicht, so ist bei paralleler Stellung der Spiegel die Vibrationsrichtung des Aethers der Ebene der Spiegel parallel; bei gekreuzter Stellung aber steht die Vibrationsebene auf der Ebene des oberen Spiegels senkrecht und in allen andern Lagen wechselt sie ihre Neigung gegen diese Ebene; die Schwingungen des Aethers werden ganz oder theilweise vernichtet, je nachdem die Vibrationsebene senkrecht oder schief auf der oberen Spiegelebene steht.

Es ist nun aber auch leicht einzusehen, wie ein gewöhnlicher (nichtpolarisirter) Lichtstrahl beschaffen sein muß; da er unter allen Umständen von einem Spiegel reflectirt wird, so müssen die Vibrationen der Aethertheilchen nach allen Richtungen, welche senkrecht auf dem Lichtstrahl stehen, erfolgen. Einen Punkt aber müssen wir noch etwas näher **erörtern**, nämlich den, was es für eine Bewandtniß mit dem Winkel von 35° 15', dem sogen. **Polarisationswinkel** hat. Wenn ein gewöhnlicher Lichtstrahl unter einem andern Winkel als dem von 35° 25' auf einen Glasspiegel fällt, so tritt nur eine unvollständige Polarisation ein, d. h. das Bild des leuchtenden Körpers verschwindet niemals ganz, wenn es auch in der gekreuzten Stellung der Spiegel am dunkelsten und in der parallelen am hellsten ist.

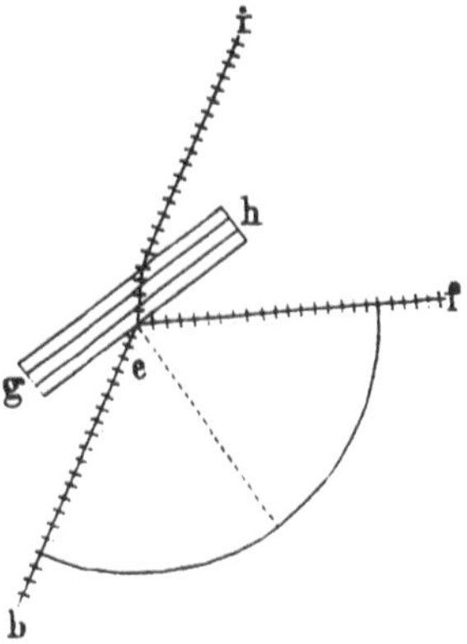

Fig. 53.

Außerdem aber ist der Polarisationswinkel für jede Substanz ein anderer; für Obsidian ist er z. B. 33°. Nun hat **Brewster** ein Gesetz gefunden, aus welchem sich der Polarisationswinkel leicht ableiten läßt. Ersetzt man nämlich den zweiten Spiegel gh des Polarisationsapparates durch eine oder mehrere nicht belegte Glasplatten (Fig. 53), so kann man unter Umständen zwei Bilder bemerken, ein durch reflectirte Strahlen erzeugtes, wenn man in der Richtung fe gegen die Glasplattensäule sieht und ein von den durchgelassenen Strahlen erzeugtes, wenn man von der Rückseite der Glasscheiben aus in der Richtung ie sieht. Das reflectirte Bild ist am deutlichsten, wenn Spiegel und Glasplattensäule parallel, das durchgelassene, wenn sie gekreuzt sind; bei der Drehung der Glasplattensäule nimmt das eine Bild an Helligkeit zu, wenn das andere abnimmt. Die Polarisation ist möglichst vollständig, d. h. das eine Bild verschwindet bei gekreuzter, das andere bei paralleler Stellung des Spiegels und der

Glasplattensäule (nahezu) vollständig, wenn ie auf if senkrecht steht.

Fällt ein gewöhnlicher Lichtstrahl (Figur 54) auf die Oberfläche eines durchsichtigen Körpers, so wird ein Theil des Lichts reflectirt (in der Richtung bc), ein anderer

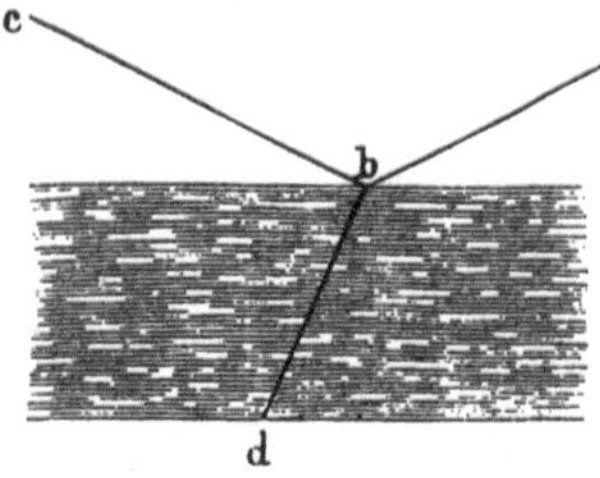

Fig. 54.

gebrochen (in der Richtung cd). Fällt nun ab so auf, daß bc auf bd senkrecht steht, so ist der Winkel unter dem ab eingefallen, der Polarisationswinkel. Untersucht man beide Strahlen, den reflectirten und den gebrochenen, so sind beide senkrecht zu einander polarisirt, d. h. die Vibrationen der Aethertheilchen, welche bei dem gewöhnlichen Lichtstrahl rundum erfolgen, werden nach dem Anprall gegen die Oberfläche des Körpers auf zwei Schwingungsrichtungen beschränkt, von denen die eine in die Reflexionsebene abc fällt und die andere darauf senkrecht steht.

Fällt ein polarisirter Lichtstrahl unter dem Polarisationswinkel auf die Oberfläche des Körpers, so daß die Aetherschwingungen der Oberfläche parallel sind, also auf der Reflexionsebene senkrecht stehen, so wird der Strahl nur reflectirt und kein Licht tritt ins Innere des Körpers; fällt aber die Vibrationsebene in die Reflexionsebene, so geht das Licht ins Innere, es wird gebrochen, aber nicht reflectirt; in allen andern Fällen wird es unter Schwächung der Lichtintensität, d. h. unter Verminderung der Schwingungsweite der Aethertheilchen nach zwei auf einander senkrechten Richtungen polarisirt.

Wenn zwei senkrecht zu einander polarisirte Lichtstrahlen zusammentreffen, so muß im Allgemeinen die geradlinige hin- und hergängige Bewegung der Aethertheilchen in eine elliptische übergehen, vorausgesetzt, daß die Dauer und Weite der Oscillationen der Aethertheilchen dieselbe ist. Man nennt solche Lichtstrahlen, bei denen die Aethertheilchen sich in Ellipsen bewegen, elliptisch-polarisirte, im Gegensatz zu den gewöhnlichen, welche geradlinig- oder linear-polarisirte heißen. Die elliptisch-polarisirten Lichtstrahlen können auch in circular- und linear-polarisirte übergehen. Wir haben früher bei Besprechung des Kaleidophons und der Figuren von Lissajous die Zusammensetzung solcher senkrecht zu einander stattfindenden geradlinigen Schwingungen besprochen und können demnach hier einfach darauf verweisen.

Eine besonders schwierige Frage ist die, aus welchem Grund wohl die Aethertheilchen nicht in der Richtung des Strahles, sondern senkrecht zu demselben ihre Schwingungen ausführen und wie es überhaupt möglich ist, daß die Aethertheilchen nicht in der Richtung des Strahles sich vorwärtsbewegen, sondern in einer zum Strahl senkrechten Richtung; ferner wie es denkbar ist, daß die Bewegung, wenn sie eine transversale ist, sich von einem Theilchen zum folgenden fortpflanzen könne.

Früher wußte man überhaupt nicht zu erklären, wie die transversale Bewegung der Aethertheilchen zu Stande komme und die Möglichkeit, daß ein Aethertheilchen das folgende mit in die transversale Bewegung hineinziehe, legte man so aus, daß man sagte, die Aethertheilchen sind so nahe an einander, daß sie einander hinreichend anziehen können;

fängt also das eine an sich nach irgend einer Richtung zu bewegen, so zieht es das folgende vermöge der Attraction mit.

Nun kann man aber heutzutage von einer Attraction überhaupt nicht mehr reden und man muß deshalb nach einem anderen Grund suchen.

Secchi findet eine Möglichkeit für die Erklärung der transversalen Schwingung des Aethers in der Hypothese, daß die Aethertheilchen in ständiger Rotation begriffen seien, durch welche Annahme noch eine andere Schwierigkeit, welche die Elasticität des Aethers betrifft, gehoben wird. Wenn die Aetheratome wirklich absolut untheilbar sind, so können sie auch nicht elastisch sein; denn ein elastischer Körper muß sich comprimiren lassen, während die Physiker glauben, daß der Stoff als solcher nicht zusammendrückbar sei; nur dadurch, daß bei zusammengesetzten Gebilden leere, resp. nicht continuirlich mit Stoff erfüllte Räume vorhanden sind, welche ihr Volumen ändern können, ist eine Zusammenziehung und nachherige Wiederausdehnung möglich; ein einfaches Atom kann also nicht elastisch sein und doch wird vom Aether behauptet, daß er im höchsten Grad elastisch sei. Hie und da wird freilich die Meinung verfochten (Heinrich Schramm: die allgemeine Bewegung der Materie), daß die Atome hohl seien; allein die Schwierigkeit, welche hier obwaltet, läßt sich auch auf andere Weise heben, denn es wird ja nicht behauptet, daß der Aether nur in Atomen existire; er wird wohl in der Natur in größeren und kleinen, aus beliebig vielen Atomen zusammengesetzten Molekülen vorkommen. Aber auch wenn Aetheratome ins Spiel kommen, so können dieselben doch, wenn sie gegen einander oder gegen andere Körper prallen, so zurückgeworfen werden, daß es den Schein erweckt, als ob sie elastisch wären; man braucht nur anzunehmen, daß die Atome nicht blos in fortschreitender, sondern auch in rotirender Bewegung begriffen seien.

Wir haben hierüber schon früher, in dem Capitel „Ueber die Umsetzung der endlichen Bewegungen", gesprochen und namentlich nachgewiesen, daß ein rotirender Körper (Kreisel) auch seitlich ausweichen kann, wenn er einen Stoß erfährt. Wir fügen nur noch im Allgemeinen hinzu, daß die Achse eines rotirenden Körpers, welcher einen Stoß erhält, senkrecht gegen die Ebene auszuweichen sucht, welche durch ihre ursprüngliche Richtung und die Richtung des Stoßes gelegt werden kann: die Rotationsachse wird also durch einen heftigen Anprall, den der rotirende Körper erfährt, seitlich ausweichen, resp. senkrecht zur genannten Ebene nach rechts und links oscilliren; auch wird der ganze Körper wohl etwas vorwärts und seitwärts gestoßen und ist damit die Fortpflanzung der Bewegung nach diesen beiden Richtungen hin ermöglicht.

Secchi wirft diesen Gedanken nur hin, ohne ihn im Einzelnen auszuführen. Immerhin aber ist derselbe höchst beachtenswerth, denn es ist in der That nicht abzusehen, warum die Aetheratome lediglich fortschreitende und nicht auch rotirende Bewegungen besitzen sollten, findet man doch selbst bei vielen Himmelskörpern beide Bewegungen, eine fortschreitende und eine rotirende vor.

Jedenfalls müßte bei einem gewöhnlichen Lichtstrahl die Rotationsachse eines Aethertheilchens in einem Kegelmantel rundum schwanken, dessen Achse auf der Richtung des Strahles senkrecht steht. Bei einem elliptisch polarisirten Lichtstrahl würden die Achsen der Kegelmäntel, in denen die einzelnen Rotationsachsen herumschwanken, einander parallel sein, was bei einem gewöhnlichen Lichtstrahl nicht der Fall ist, wo sie rundum auf der Richtung des Strahles (ähnlich wie die Speichen eines Rades auf der Achse) senkrecht stehen.

Stößt ein gewöhnlicher Lichtstrahl gegen einen Spiegel, so wird die Rotation der Aethertheilchen rundum in zwei zerlegt, welche in zwei auf einander senkrecht stehenden Ebenen erfolgen; die eine dieser Ebenen steht auf der Reflexionsebene senkrecht, so daß die Achsen der Ätherteilchen in Bogen schwingen, welche dem Spiegel parallel sind; — dieß ist der reflectirte Strahl. Die andere Vibrationsebene fällt mit der Reflexionsebene zusammen, so daß die Vibrationen senkrecht gegen den Spiegel erfolgen und in den Spiegel selbst eindringen; — dieß ist der gebrochene Strahl.

Die genannte Zerlegung der Vibration rundum findet am vollständigsten statt, wenn der Strahl unter dem Polarisationswinkel einfällt, in welchem Fall der gebrochene und der reflectirte Strahl auf einander senkrecht stehen. Uebrigens ließe sich auch die entgegengesetzte Ansicht, wie sie von Neumann und Quinke vertheidigt wird, rechtfertigen, nämlich, daß die senkrecht gegen den Spiegel erfolgenden Vibrationen reflectirt werden und die parallel mit ihm stattfindenden in den Spiegel eindringen.

Eine Theorie, welche von schwingenden Körpern, resp. Molekülen oder Atomen spricht, verlangt jedenfalls, daß der Raum nicht stetig erfüllt sei, daß der Aether also aus getrennten Atomen bestehe.

Nicht alle Physiker indessen sind geneigt überhaupt einen neuen Stoff, neben dem gewöhnlichen, aus welchem die gemeinen Körper zusammengesetzt sind, anzunehmen. Grove u. A. wollen alle Erscheinungen aus den Bewegungen der gewöhnlichen Materie ableiten. Diese Ansicht ist aber von derjenigen, welche einen besondern Aether als nothwendig annimmt, in gewissem Sinn nicht principiell verschieden; denn es ist ja nicht gesagt, daß der Aether ein ganz besonderer, von dem gewöhnlichen verschiedener Stoff sein müsse. Manche Physiker freilich halten den Aether in der That für einen von der gewöhnlichen Materie grundverschiedenen Körper und dieser Ansicht würde man allerdings erst dann geneigt sein zuzustimmen, wenn jede Möglichkeit den Aether als mit der gewöhnlichen Materie wesentlich identisch, als unhaltbar nachgewiesen werden könnte; es liegt im Wesen alles vernünftigen Denkens, es liegt in der überall sichtbaren Oekonomie, welche die Natur in all ihren Mitteln bethätigt, daß man nicht complicirte Hypothesen macht, wenn man mit einfacheren ausreichen kann.

Die einfachste Ansicht ist die von Secchi, wonach die Grundstoffe oder Elemente aus bestimmten Mengen eines und desselben Urstoffs, des Aethers zusammengesetzt seien; ein Sauerstoffatom ist danach von einem Wasserstoff- oder Kohlenstoffatom nur durch die Anzahl der in ihm enthaltenen Aetheratome (und durch die Art der Gruppirung derselben) verschieden. Der Aether ist also kein besonderer Stoff, sondern im Gegentheil, alle Stoffe sind aus Aether zusammengesetzt.

Es ist aber nicht nöthig so weit zu gehen; man kann auch den Aether als sehr feine Stofftheilchen, welche die Moleküle der Körper umschwirren, ansehen. Denkt man sich z. B. eine Wasserkugel, so dunsten von ihr unaufhörlich zahllose unsichtbare Wassertheilchen ab; denkt man sich eine ganze Anzahl solcher Wasserkugeln in bestimmten Entfernungen von einander, so dunsten von ihnen allen Wasseratome ab, welche zwischen den Kugeln hin- und herschwirren, bald abprallen und bald sich wieder mit einer der Kugeln vereinigen u. s. w.

Der Umstand, daß alle Körper einen eigenthümlichen Geruch besitzen, läßt schließen, daß selbst diejenigen, welche man gewöhnlich nicht für verdunstbar hält, als von kleinen Theilchen umschwirrt angenommen werden können. Diese zwischen den Molekülen der Körper umherschwirrenden sehr kleinen Moleküle oder Atome könnte man dann als Aether auffassen, ohne sich gerade zu der Ansicht bekennen zu müssen, daß es überhaupt nur einen Grundstoff gäbe.

Wir haben also zwei Möglichkeiten den Aether als mit der gewöhnlichen Materie identisch anzusehen. Der Aether in den gewöhnlichen Körpern ist meist viel dichter als in der Luft; dieß beweist schon der Umstand, daß das Licht beim Eintritt in einen Körper von seiner Richtung nach dem Einfallsloth hin abgelenkt wird; nun folgt aber aus der Vibrationstheorie, wie Huyghens dargethan, daß die Wellenlänge verkürzt und die Geschwindigkeit des Lichts verringert wird, wenn der Lichtstrahl nach dem Einfallsloth hin gebrochen wird.

Aber nicht blos, daß der Aether in den Körpern dichter ist als in der Luft, und daß er je nach dem Stoff eine verschiedene Dichtigkeit besitzt, da die verschiedenen Körper das Licht ungleich stark brechen, sondern es ist auch vielfach die Dichtigkeit in einem und denselben Körper nicht nach allen Richtungen hin dieselbe; dieß beweist die doppelte Brechung des Lichts in allen nicht zum regulären Krystallsystem gehörenden und in allen einseitig gepreßten Körpern.

Bei den Krystallen des regulären Systems sind die Theilchen nach allen Seiten hin gleich geordnet — alle 3 Achsen sind gleich und stehen auf einander senkrecht; es herrscht nach allen Richtungen die vollkommenste Symmetrie; die Dichtigkeit ist also auch nach allen Richtungen hin dieselbe. Bei den Krystallen des quadratischen Systems stehen 2 Achsen auf einander senkrecht und sind einander gleich, die dritte steht zwar auf der Ebene der beiden ersten senkrecht, ist aber der Größe nach von ihnen verschieden. Diese dritte Achse wird die krystallographische Hauptachse genannt. Man wird leicht ersehen, daß die Anordnung oder wenigstens die Dichtigkeit der Theilchen in der Richtung der krystallographischen Hauptachse eine andere sein wird als nach den 2 andern

Dimensionen. Dasselbe gilt beim hexagonalen System; hier hat man 3 gleiche, in einer Ebene liegende, je einen Winkel von 60° mit einander bildende Achsen auf deren Ebene eine vierte von beliebiger Größe senkrecht steht; diese letztere wird als die krystallographische Hauptachse genommen. Auch hier wird die Dichtigkeit der Materie nach der Richtung der krystallographischen Hauptachse von der nach den anderen Dimensionen verschieden sein.

Es ist deswegen schon aus der krystallographischen Beschaffenheit der quadratischen und hexagonalen Krystalle zu schließen, daß dieselben sich in Bezug auf das in dieselben eindringende Licht nicht nach allen Richtungen hin gleich verhalten werden. Jeder Lichtstrahl, welcher auf einen solchen Krystall fällt, wird in 2 Strahlen zerlegt (durch einen Kalkspathkrystall z. B. sieht man alle Gegenstände doppelt), es sei denn, daß er parallel der krystallographischen Hauptachse in den Krystall trete, in welchem Fall der ursprüngliche Strahl nicht in 2 zerspalten wird. Daher nennt man die krystallographische Hauptachse solcher Krystalle auch die *optische* Achse derselben. Zugleich ist bemerkenswerth, daß die 2 gebrochenen Strahlen senkrecht zu einander polarisirt sind; die Schwingungen des einen finden in der Ebene des Hauptschnitts, die des andern senkrecht zu demselben statt. Unter Hauptschnitt versteht man die Ebene, welche durch den auffallenden Strahl und die Hauptachse gelegt werden kann.

Wir haben schon erwähnt, daß nach den theoretischen Untersuchungen von *Huyghens* ein Strahl umsomehr von der ursprünglichen Richtung abgelenkt werden muß, je dichter der Aether in dem Körper ist, in welchen der Strahl eintritt; an der Stärke der Brechung kann man deshalb den Grad der Aetherdichtigkeit in den Körpern erkennen.

Fällt ein gewöhnlicher Lichtstrahl, bei welchem (nach den Fresnel'schen Aufstellungen) die Aethervibrationen nach allen auf dem Strahl senkrechten Richtungen erfolgen, auf einen Krystall des quadratischen oder hexagonalen Systems, so können die Vibrationen nicht mehr rundum in gleicher Weise erfolgen; nur wenn der gebrochene Strahl die Richtung der optischen Achse hat, um welche herum die Aetherdichtigkeit dieselbe ist, wird der Strahl als gewöhnlicher Lichtstrahl weiter gehen können; in allen andern Fällen aber entsteht doppelte Brechung, d. h. es pflanzen sich 2 Strahlen nach 2 verschiedenen Richtungen durch den Krystall fort.

Bei den Krystallen der übrigen Systeme sind alle Achsen von einander verschieden und es ist deshalb die Aetherdichtigkeit nach allen Richtungen verschieden; es gibt keine optische Achse mehr, um welche herum die Aetherdichtigkeit dieselbe ist.

Wir verfolgen diesen Gegenstand, welcher zu seiner genaueren Untersuchung sehr umständliche Darlegungen erforden würde, hier nicht weiter und bemerken nur noch, daß ein Stück Glas, welches einfach bricht, sofort doppeltbrechend wird, sobald es einseitig gepreßt wird.

Ferner wird ein Glasstab, welcher der Länge nach gerieben wird, in der Nähe der Schwingungsknoten, wo sich die Masse abwechselnd verdichtet und verdünnt, doppeltbrechend.

Auch aus der Wärmeleitungsfähigkeit läßt sich die ungleiche Dichtigkeit der Körper nach verschiedenen Richtungen hin erkennen. Ein Krystallblättchen von Quarz (hexagonal), welches senkrecht zur optischen Achse geschliffen ist, pflanzt die Wärme rundum gleich schnell fort; überzieht man nämlich das Blättchen mit Wachs und setzt einen heißen Draht auf, so schmilzt das Wachs in einem Kreise rundum; schneidet man aber ein Blättchen parallel zur Hauptachse, so schmilzt das Wachs verschieden schnell, man erhält eine Ellipse statt eines Kreises.

IX. Identität von Licht und Wärme.

Ein geheimnißvolles Band umschlingt die zwei für das ganze Leben des Universums so außerordentlich wichtigen Kräfte — Licht und Wärme. Wohin ihr allbelebender Strahl nicht dringt, tritt Tod und Erstarrung ein; Leben ist Bewegung, nicht blos nach der Meinung des Dichters, sondern in eminent physikalischem Sinn; Licht und Wärme beruhen auf Bewegung; heiße und leuchtende Körper tragen die Energie der schwingenden Bewegung ihrer Theilchen auf andere Körper über. Die Möglichkeit der Mittheilung von Energie setzt freilich voraus, daß es Körper gäbe, welche constant oder auch nur vorübergehend in heftigerer Bewegung sind als andere. Diesen Gedanken indessen wollen wir jetzt nicht weiter verfolgen, sondern zunächst nur den Zusammenhang zwischen Licht und Wärme zu ergründen suchen.

Erhitzt man ein Platinblech, so zeigt eine in der Nähe befindliche Thermosäule, daß dasselbe Wärme ausschickt; auch die Hand, in einige Entfernung gehalten, hat die Empfindung der steigenden Temperatur; noch aber sieht das Auge nichts: die Wärmestrahlen sind „dunkle“. Bald jedoch, wenn das Platin weiter erwärmt wird und auch die Thermosäule eine höhere Temperatur anzeigt, verändert dasselbe seine Farbe, es wird erst dunkelroth, dann hellroth und schließlich vollkommen weiß; auch bemerkt man auf der bestrahlten Seite der Thermosäule einen hellen Schein, und kleine Stäubchen, welche vor dem Platinblech sich herbewegen, fangen an sichtbar zu werden, namentlich wenn man den Versuch im dunklen Zimmer anstellt. Es tritt also jetzt Licht und Wärme vereint auf.

Durch das zu höchster Weißgluth erhitzte Platin können übrigens auch chemische Wirkungen hervorgebracht werden. Hält man in die vom Platin ausgehenden Strahlen ein mit Chlor- oder Jodsilber überzogenes Papier, so wird dasselbe alsbald schwarz.

Die dunklen Wärmestrahlen üben auf das Chlorsilberpapier fast gar keine Wirkung aus und selbst die hellen erst dann, wenn vollkommene Weißgluth eingetreten ist. Merkwürdig ist ferner, daß wenn man die hellen Strahlen durch verschiedenfarbige Gläser gehen läßt, die chemische Wirkung sehr ungleich ausfällt: besonders wirksam zeigen sich die blauen und violetten Gläser, d. h. sie sind fast nicht minder wirksam wie das ursprüngliche weiße Licht selbst, während die rothen Gläser nahezu alle chemische Wirkung aufheben. Hiermit stimmt überein, daß das bläuliche Licht eines brennenden Magnesiumdrahts eine auffallend starke chemische Wirkung ausübt.

Umgekehrt ist es mit der Wärmewirkung; rothes Licht ist thermisch wirksamer als blaues.

Um diese Beziehungen genauer studiren zu können, lassen wir das weiße Licht der Sonne auf ein Prisma fallen, welches dasselbe von seiner Richtung ablenkt und in die sieben Regenbogenfarben zerlegt. Hat man die Sonnenstrahlen durch einen sehr feinen Spalt einfallen lassen und concentrirt dieselben noch etwas durch eine Linse, so erhält man ein langes farbiges Band, welches der Reihe nach die Farben Roth, Orange, Gelb, Grün, Blau, Indigoblau und Violett enthält und von dunklen Streifen, den sogenannten Frauenhofer'schen Linien durchzogen ist. (Fig. 55.)

Lassen wir nun die verschiedenen Theile des Spectrums auf eine Thermosäule fallen, so zeigt die Magnetnadel einen weit stärkeren Ausschlag, wenn rothes, als wenn gelbes, oder blaues Licht ausfällt; das dunkelblaue und namentlich das violette wirken überhaupt auf die Thermosäule kaum mehr ein. Ganz besonders merkwürdig aber ist es, daß wenn man die Thermosäule noch jenseits des Rothen aufstellt, eine besonders starke Wärmewirkung sich geltend

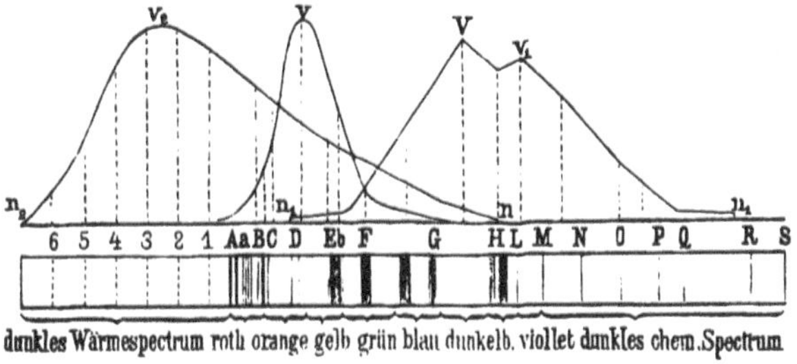

Fig. 55.

macht; es finden sich also noch jenseits des rothen Lichtes Strahlen, welche das Auge nicht mehr sehen kann; die aber noch thermische Wirkungen und zwar mit relativ größter Intensität ausüben. Die unsichtbaren, „dunklen" Wärmestrahlen bezeichnet man mit dem Namen „ultraroth".

Daß die Einwirkung auf das Auge in der Mitte des Gelben am stärksten ist, erhellt ohne Weiteres von selbst. Was nun die chemische Wirkung der einzelnen Theile des Spectrums betrifft, so ist dieselbe im ultrarothen, rothen und gelben fast Null, während sie mit Beginn des grünen und blauen Theils rasch anwächst, im Dunkelblau und Violett ihr Maximum erreicht, aber auch noch weit darüber hinaus sich in erheblichem Maße geltend macht. Fig. 55 zeigt uns das Spectrum mit den bekannten Frauenhofer'schen dunklen

Streifen AaBCD....; der sichtbare Theil reicht etwa von A bis N; links von A liegt das dunkle Wärmespectrum (das Ultrarothe) und rechts von N das dunkle chemische Spectrum (das Ultraviolette); die Wärmewirkung steigt von n_2 bis v_2, um dann wieder bei n auf Null herabzusinken; die optische Wirkung beginnt etwas vor A, erreicht im Gelb (bei D) ihr Maximum und sinkt wieder zwischen G und H auf Null herab. Die chemische Wirkung beginnt im Gelben (bei D), erreicht ihr Maximum zwischen G und H bei V und sinkt dann allmälig herab, sich weit über das sichtbare Violett hinaus erstreckend.

Das Spectrum verschiedener Flammen ist nicht genau dasselbe, auch wenn sie dem freien Auge weiß erscheinen; bei der einen herrschen die thermischen, bei der andern die chemischen Wirkungen vor und auch die Helligkeit und Ausbreitung der einzelnen Farben ist nicht dieselbe. Bei farbigen Flammen tritt bei der Zerlegung durch das Prisma wesentlich diejenige hervor, in welcher die Flamme ohne das Prisma erscheint, während die andern Stellen des Spectrums theilweise oder ganz fehlen. Licht, welches durch farbige Körper hindurchgegangen oder von solchen reflectirt worden ist, zeigt, durch das Prisma zerlegt, nur einen Theil der Spectralfarben. Es gibt streng genommen keinen völlig einfarbigen Körper, da jeder ein mehr oder minder großes Spectrum erzeugt und jeder Stelle des Spectrums eine andere Brechbarkeit und somit eine andere Geschwindigkeit der Aetherschwingungen, resp. eine andere Farbe entspricht.

Leuchtende Körper versetzen demnach den Aether innerhalb gewisser Grenzen in Schwingungen von sehr verschiedenen Geschwindigkeiten. In erster Linie mag dieß daher rühren, daß die Moleküle leuchtender Körper Bewegungen machen, welche aus einfachen Schwingungen von verschiedener Oscillationsgeschwindigkeit combinirt sind. Eine gespannte

Saite gibt einen Klang, welcher aus einer ganzen Reihe von Tönen zusammengesetzt ist; jedem einzelnen Ton entspricht eine bestimmte Schwingungsform und Schwingungsgeschwindigkeit; man kann die Schwingungsform der tönenden Saite finden, wenn man die einfachen Schwingungsformen, welche den einzelnen Tönen entsprechen, nach bekannten mechanisch-geometrischen Gesetzen combinirt. Die Saite pflanzt ihre Bewegung nach Außen hin z. B. auf die Luft in der Art fort, als ob jede der einfachen schwingenden Bewegungen, aus denen die complicirte Bewegung der Saite zusammengesetzt ist, unabhängig von den andern auf die Luft einwirkte. Bei den Wasserwellen kann man dieß deutlich sehen. Wenn der Sturm das Meer aufwühlt, ein Dampfschiff die Wogen durchfurcht und Regentropfen niederfallen, so sieht man drei Wellensysteme sich ausbreiten, die kleineren auf dem Rücken der größeren, als ob jedes Wellensystem von dem andern gänzlich unabhängig wäre. Jedes Wassertheilchen macht dabei aber doch nur eine Bewegung, welche aus den drei einfachen Wellenbewegungen construirt werden kann.

Die verschiedene Geschwindigkeit der Aetherschwingungen kann übrigens auch theilweise daher rühren, daß die verschiedenen Moleküle leuchtender Körper nicht in denselben Schwingungszuständen sich befinden.

So verschiedenartig aber auch die Wirkungen der einzelnen Theile des Spectrums, der sichtbaren und unsichtbaren sind, so haben sie doch das mit einander gemein, daß sie alle durch Schwingungen des Aethers hervorgerufen werden; das Unterscheidende beruht auf der verschiedenen Geschwindigkeit, mit der die Aetherschwingungen, welche den einzelnen Theilen des Spectrums entsprechen, sich vollziehen; daß hierdurch auch verschiedenartige Wirkungen ausgeübt werden können, läßt sich von vornherein erwarten, namentlich wenn unsere Sinnesnerven dabei ins Spiel kommen, welche nicht Schwingungen jeder Art und von beliebiger Geschwindigkeit anzunehmen fähig sind.

Jeder unserer Sinnesnerven hat nur eine ganz bestimmte Function; der Gehörnerv kann lediglich Schallempfindungen fortleiten; er ist weder im Stande zu fühlen, noch zu sehen, ebensowenig wie der Sehnerv Gefühls- oder Schallempfindungen annehmen kann. Reizt man z. B. den Sehnerv durch einen Druck, einen Stich, oder Schnitt, so empfinden wir keinen Schmerz, sondern bemerken irgend eine Lichterscheinung. Daher kommt es, daß wir mancherlei Lichtempfindungen selbst bei geschlossenen Augen haben, indem nicht selten, namentlich in krankhaften Zuständen der Sehnerv einen äußeren Reiz durch die anliegenden Organe erfährt; ebenso verursacht die Operation, bei welcher der Sehnerv durchschnitten wird, keinen Schmerz, sondern der Kranke glaubt nur ein Lichtmeer vor den Augen zu erblicken. Ganz ähnlich ist es mit den andern Sinnesorganen.

Aber nicht blos, daß jeder der Empfindungsnerven nur eine Art von Empfindungen annehmen und fortleiten kann, er ist auch innerhalb der ihm speciell zukommenden Thätigkeit an bestimmte Grenzen gebunden. Unser Gehörnerv ist nur im Stande Schallschwingungen anzunehmen, deren Zahl nicht unter 16 und nicht über 24000 in der Secunde beträgt; zugleich sind die Grenzen für die verschiedenen Individuen nicht dieselben; der Eine kann noch manche hohen oder tiefen Töne hören, die für den Andern vergeblich erklingen. Die nicht hörbaren Schwingungen sind objectiv nicht minder vorhanden, wie diejenigen, welche den Gehörnerv in Schwingungen zu setzen fähig sind; man kann sie theils direct, theils indirect (durch künstliche Veranstaltungen) dem Auge oder dem Gefühl bemerkbar machen. Aehnlich ist es mit den Schwingungen des Aethers; diejenigen, welche sehr langsam oder sehr schnell erfolgen, bringen auf unser Auge keinen Eindruck mehr hervor, der Sehnerv kann so langsame oder schnelle Schwingungen nicht ausführen; dagegen sind die langsameren Schwingungen (Ultraroth) ganz besonders geeignet die Gefühlsnerven zu reizen, wie wiederum die sehr schnellen Schwingungen (Ultraviolett) vorzugsweise fähig sind chemische Zersetzungen zu bewirken.

Unter besonderen Umständen, namentlich wenn man im absolut dunklen Raum das sichtbare Spectrum dem Auge gänzlich entzieht und es nur nach dem ultravioletten Theile richtet, beobachtet man noch eine deutliche Lichtwirkung.

Zugleich darf nicht unerwähnt bleiben, daß die Ausdehnung des ganzen Spectrums sowohl, als die seiner einzelnen Theile, sowie auch die Lage der Maxima für thermische, optische und chemische Wirkungen wesentlich von dem Material des Prisma's abhängen, welches zur Zerlegung des weißen Lichts in seine Farben benutzt wird. Ein Wasserprisma erzeugt ein sehr kleines Spectrum, bei welchem das Maximum der Wärmewirkung im Gelb liegt; das Spectrum eines Crownglasprisma's ist schon beträchtlich größer und hat sein thermisches Maximum im Dunkelroth; bei dem Spectrum eines Flintglasprisma's rückt das thermische Maximum schon über das dunkelste Roth hinaus und bei dem eines Prisma's aus Steinsalz oder Sylvin sehr tief ins Ultraroth hinein. Dieß rührt daher, daß die einzelnen Substanzen Wärmeschwingungen von verschiedenen Wellenlängen absorbiren, ebenso wie farbige Gläser nicht Licht von allen Farben, d. h. von jeder Wellenlänge durchlassen. Unter Absorption ist eine Verwandlung der Aetherschwingungen in Schwingungen der Körpermoleküle, wodurch eine Erhöhung der Temperatur bewirkt wird, zu verstehen. Steinsalz läßt alle Wärmestrahlen, von welcher Wärmequelle sie kommen mögen, in gleichem Verhältniß durch; alle anderen durchsichtigen Körper verschlucken die dunklen

Strahlen in viel stärkerem Verhältniß als die hellen; oder mit anderen Worten: die langsameren Aetherschwingungen gehen viel leichter in Schwingungen der Moleküle über wie die schnelleren.

Auch undurchsichtige Körper absorbiren ungleiche Mengen Wärme von verschiedenen Wärmequellen und gemeiniglich mehr von kälteren als von heißeren; daher ist die Wärmewirkung der einzelnen Theile des Spectrums auf verschiedenartige Wärmemesser (ein gewöhnliches Thermometer, eine Thermosäule) und auf unsere Gefühlsnerven nicht genau die gleiche; es ist der eine Stoff mehr, der andere weniger im Stande Aetherschwingungen von verschiedener Geschwindigkeit in Schwingungen der Moleküle zu verwandeln; es gäbe deshalb auch kein zuverlässiges Maß für die strahlende Wärme, wenn man nicht in dem Kienruß einen Körper hätte, welcher die Wärme von allen Wärmequellen in gleichem Verhältniß absorbirte; man überzieht daher die Thermometer mit Kienruß, wenn es gilt genaue Versuche anzustellen. Diejenigen Körper, welche die Wärme gut durchlassen (Steinsalz) oder reflectiren (polirte Metalle), erhitzen sich durch strahlende Wärme wenig; die andern erhitzen sich stark; Wasser z. B., welches die ultrarothen und rothen Strahlen absorbirt, erhitzt sich durch Sonnenlicht sehr schnell; ebenso erhitzen sich dunkle Körper, da sie die schnelleren Schwingungen (das „Licht") verschlucken, resp. in Schwingungen der Moleküle verwandeln, stärker als helle, es sei denn, daß sie Wärme durchlassen (schwarzes Glas).

Auch auf verschiedene Personen werden Wärmestrahlen von ungleicher Schwingungszahl ungleich einwirken, wie dieß von den optischen und akustischen Wirkungen (auf Auge und Ohr) bekannt ist.

In Betreff der chemischen Wirkungen ist constatirt, daß nicht für jede Substanz das Maximum der chemischen Einwirkung an derselben Stelle des Spectrums liegt. Daß im Allgemeinen die rascheren Schwingungen so kräftig chemisch wirken, hat wohl seinen Grund darin, daß schon ein bedeutender Aufwand von Energie erforderlich ist, um den Zusammenhang der Moleküle zu zerstören, und daß folglich nur eine Reihe sehr rasch auf einander folgender Stöße im Stande sein wird die Atome auseinanderzuschlagen.

Hieraus erklärt sich auch, warum dunkle und helle Strahlen, selbst wenn das Thermometer dieselbe Temperatur anzeigt, auf den menschlichen Körper verschiedene Wirkungen ausüben; die Wärme in der Nähe eines geheizten Ofens, oder in einem römisch-irischen Bade läßt sich selbst bei höherer Temperatur leichter ertragen als die Sonnenwärme; die hellen Strahlen enthalten jene raschen Schwingungen, welche chemisch zersetzend auf die Haut einwirken und einen lebhaften Schmerz verursachen.

Daß übrigens nicht blos die blauen, violetten und ultravioletten Strahlen chemisch wirken können, zeigt schon der Umstand, daß die Blätter und Blüthen verschiedener Pflanzen sehr verschiedenartig gefärbt sind; es läßt dieß erkennen, daß die einen diese, die andern jene farbigen Strahlen des weißen Sonnenlichts absorbiren und doch verdanken alle ihr Wachsthum der chemischen Einwirkung des Sonnenlichts.

Man hat in der letzten Zeit Mittel gefunden, um (dunkle) Wärmestrahlen und Lichtstrahlen von einander zu trennen (Tyndall). Concentrirt man ein Bündel paralleler Sonnenstrahlen durch eine Linse, so erhält man einen sehr hellen und heißen Punkt. Stellt man nun in diesen Lichtkegel ein Kästchen mit parallelen Glaswänden, das mit gewöhnlichem oder Alaunwasser gefüllt ist, so wird die Helligkeit des auf der andern Seite erscheinenden Lichtpunktes nicht wesentlich vermindert; dagegen bringt derselbe keine besonderen Wärmewirkungen mehr hervor. Tyndall stellt diesen Versuch auf folgende Weise an, um die geringe Wärmewirkung der durch Wasser hindurchgegangenen Strahlen zu zeigen: er bereitet in einem Becherglase eine Kältemischung und läßt nun auf den Reif, mit welchem sich das Glas auf der Außenseite alsbald bedeckt, den Vereinigungspunkt der durch das Wasser gegangenen Sonnenstrahlen fallen — der Reif schmilzt nicht ab.

Wenn man erwägt, daß, wie früher erwähnt, das durch ein Wasserprisma gegangene Sonnenlicht sein Wärmemaximum im Gelb hat, so kann man daraus den Schluß ziehen, daß Wasser die ultrarothen, sowie auch theilweise die rothen Strahlen absorbirt, welche eine wesentlich thermische Wirkung hervorbringen; die innere Constitution des Wassers ist derart, daß sich die langsameren Schwingungen nicht ungehindert fortpflanzen können, sondern sich auf die Wassermoleküle übertragen, wobei das Wasser selbst sich rasch erwärmt.

Will man die hellen Strahlen, d. h. diejenigen, denen die rascheſten Aetherschwingungen entsprechen, absorbiren lassen, so stellt man in den durch eine Linse hervorgebrachten Lichtkegel ein Glaskästchen, welches mit der dunkelbraunen Lösung von Jod in Schwefelkohlenstoff gefüllt ist; man sieht alsdann den Lichtkegel und den Vereinigungspunkt der Strahlen hinter dem Kästchen nicht mehr; stellt man aber an den Ort, wo der Brennpunkt sein müßte, das vorhin erwähnte Becherglas mit der Kältemischung, so schmilzt der Reif sofort ab; die Jodtinktur verschluckt also die hellen Strahlen und läßt wesentlich nur die ultrarothen hindurch. Hat man die Kältemischung mit Tinte schwarz gefärbt, so sieht man einen runden schwarzen Fleck umgrenzt von dem weißen Reif. Auch Schießbaumwolle entzündet sich im Brennpunkt.

Wenn der Vereinigungspunkt der dunklen Strahlen auf das Auge fällt, so empfindet man auf dem Augenlid eine unerträgliche Hitze; läßt man aber die Strahlen durch ein feines Loch in einem Kartenblatt in die Pupille fallen, so verspürt man keine Hitze; der Sehnerv wird von der Wärme nicht erregt.

Läßt man den Vereinigungspunkt der dunklen Strahlen auf ein Platinblech fallen, so erhitzt sich dasselbe bis zur Weißgluth. Durch das Zusammenwirken vieler, wenn auch langsamerer Schwingungen in einem Punkt werden dort die Körpermoleküle so lebhaft erregt, daß sie im Stande sind den Aether in optische Schwingungen zu versetzen.

Läßt man weißes Licht auf verschiedene Körper fallen, so strahlt es von dem einen in dieser, von dem andern in jener Farbe zurück. Zunächst ist dabei zu berücksichtigen, daß jeder Körper eigentlich zweierlei Licht zurückgibt; ein Theil des aufgefallenen Lichtes wird unmittelbar an der Oberfläche reflectirt, ein anderer Theil dringt mehr oder minder tief ins Innere und wird von dort wieder zurück ins Auge gesandt; dieser letztere Theil erleidet gewöhnlich eine Veränderung, indem das weiße Licht nicht als weißes zurückkommt; je nach der inneren Beschaffenheit der Körper werden einzelne Schwingungen, welche der Aether im weißen Licht besitzt, ausgelöscht; der Aether im Innern der Körper kann diese Schwingungen nicht vollziehen und so kommt denn das Licht farbig zurück. Die Farben der Körper sind, wie schon früher erwähnt, nicht einfach, sondern aus verschiedenen einfachen Farben (Spectralfarben) zusammengesetzt. Daß weißes Licht, welches auf einen Körper fällt, theilweise auch an der äußersten Oberfläche reflectirt wird, geht schon daraus hervor, daß bei hellem Sonnenschein die Farben der Körper heller erscheinen: das weiße, an der Oberfläche reflectirte Licht mischt sich mit dem aus den tieferen Schichten kommenden farbigen.

Fällt weißes Licht auf Kreide, so kommt es als weißes Licht zurück, obwohl bei genauerer Untersuchung dieses weiße Licht nicht vollkommen mit dem aufgefallenen identisch ist; unser Auge ist nicht immer fähig so feine Nuancirungen zu unterscheiden und doch machen wir schon ohne weitere Hilfsmittel, unter denen das Prisma obenansteht, die Bemerkung, daß das Weiß des einen Körpers nicht mit dem eines andern einerlei ist.

Fällt farbiges Licht auf einen weißen Körper, so erscheint er in der Farbe des aufgefallenen Lichtes; der Aether in einem weißen Körper kann eben alle Arten von Schwingungen annehmen.

Farblos heißt ein Körper, wenn er alle Farben durchläßt; er unterscheidet sich von einem weißen Körper dadurch, daß die Aethertheilchen nicht blos bis zu einer geringen Tiefe unter der Oberfläche, sondern durch die ganze Masse hindurch in Schwingungen von jeder Geschwindigkeit versetzt werden können (weißes Glas, Wasser).

Schwarze Körper, von kräftigem weißem Licht bestrahlt, erscheinen weiß, vorausgesetzt, daß sie allein vom Auge betrachtet werden. Schwarze Körper reflectiren einen Theil des weißen Lichtes an der Oberfläche und der andere in den Körper eindringende Theil wird völlig absorbirt. Wenn freilich ein weißer oder farbiger Körper sich daneben befindet und gleichzeitig vom Auge gesehen werden kann, so erscheint der schwarze Körper, da er verhältnißmäßig nur wenig weißes Licht reflectirt, dunkler als die andern, welche weißes Licht von der Oberfläche und aus dem Innern, oder weißes und farbiges Licht zugleich ins Auge senden.

Ein rother undurchsichtiger Körper ist ein solcher, welcher alle Farben außer Roth absorbirt; fällt weißes Licht auf ihn, so verschluckt er einen großen Theil der in demselben enthaltenen farbigen Strahlen, die Strahlen, welche er reflectirt, bestimmen seine Farbe. Die Absorption entsteht durch Uebertragung der Bewegung der Aethertheilchen auf die Körpermoleküle und beruht auf einer Art Resonanz. Gerade so wie eine gespannte Saite durch alle Töne, welche sie selbst zu geben vermag, zum Mittönen veranlaßt werden kann, ebenso kann auch ein Körpermolekül, vermöge seines eigenthümlichen Zusammenhangs mit den andern Molekülen, durch Aetherschwingungen von bestimmter Energie, resp. Geschwindigkeit selbst in schwingende Bewegung versetzt werden. Die Körpermoleküle vermindern im Allgemeinen die Geschwindigkeit der Aetheratome beträchtlich, doch kann es auch vorkommen, daß ein Molekül trotz seiner bedeutenden Größe im Verhältniß zu der eines Aetheratoms, wenn es gleichzeitig von vielen Aetheratomen getroffen wird, in sehr lebhafte Erschütterung versetzt wird, da, wie schon früher erwähnt, ein Platinblech durch dunkle Wärmestrahlen bis zur Weißgluth erhitzt werden kann. Die Absorption eines Theils der Aetherschwingungen bedeutet also gewöhnlich eine Umsetzung in Wärmeschwingungen.

Wenn schwingender Aether auf Körpermoleküle trifft, ohne seine Bewegung auf diese übertragen zu können, so prallt er ab, er wird reflectirt.

Ein durchsichtiger rother Körper erscheint gewöhnlich sowohl in reflectirten, als im durchgelassenen Lichte roth; er unterscheidet sich von einem undurchsichtigen rothen Körper dadurch, daß im letzteren der Aether nur bis zu einer gewissen sehr geringen Tiefe unter der Oberfläche seine Bewegung um die Moleküle herum auf den im Körper enthaltenen Aether in solcher Geschwindigkeit fortzupflanzen vermag, wie sie dem rothen Licht zukommt, während im ersteren die Aetherteilchen durch den ganzen Körper in solche Schwingungen versetzt werden können.

Fällt blaues Licht auf einen rothen Körper, so absorbirt er dasselbe, er erscheint schwarz. Aehnlich verhält es sich mit Körpern, welche andere Farben zeigen. Durchsichtige Körper lassen umsomehr Wärme durch, je mehr sie Roth enthalten; unter einem rothen Glasdach wird es heißer als unter einem blauen. Blaue und violette Gläser lassen dagegen mehr chemisch wirksame Strahlen durch und sind deshalb zur Bedachung von Gewächshäusern geeigneter.

Wir haben bisher, wie dieß auch gewöhnlich eintrifft, angenommen, daß das absorbirte Licht sich in Wärme umsetzt, d. h. daß die Schwingungen des Aethers sich in Schwingungen der Moleküle von so geringer Geschwindigkeit verwandeln, daß Wärme aber kein Licht erzeugt wird. Sollte es aber nicht möglich sein, daß namentlich die sehr raschen Vibrationen, welche dem blauen, violetten und ultravioletten Licht entsprechen, sich auf die Körperatome derart übertragen können, daß dieselben in hinreichend rasche Schwingungen versetzt werden, um den Aether, welcher sie umgibt, zu leuchtenden Schwingungen anzuregen, wenn dieselben auch etwas langsamer erfolgen, wie diejenigen, durch welche sie hervorgebracht worden sind? Von violettem (oder weißem) Licht bestrahlt, würde der Körper etwa in blauem, grünem, gelbem oder rothem Licht erscheinen. Auch ist schon à priori anzunehmen, daß die Körpermoleküle nicht durch die ganze Masse, sondern nur bis zu einer gewissen Tiefe unter der Oberfläche in so lebhafte Agitation versetzt werden können, weshalb der Körper nur im reflectirten und nicht im durchgelassenen Licht diese Lichterscheinung zeigt.

Diese Vermuthung bestätigt sich vollkommen. Betrachtet man z. B. Petroleum im durchgehenden Licht (indem man es gegen das Licht hält), so erscheint es gelblichgrün; betrachtet man es aber im reflectirten Licht, so erscheint es namentlich an der Oberfläche bläulich. Chininlösung erscheint im durchgehenden Licht farblos, im reflectirten hellbläulich. Das (im durchgehenden Licht) gelbe Uranglas reflectirt grünes Licht und der ätherische Auszug getrockneter Pfeffermünzblätter, welcher im durchgelassenen Licht grün ist, erscheint im reflectirten Licht roth.

Man nennt solche Körper bekanntlich fluorescirend, da auch der Flußspath diese Eigenschaft zeigt.

Besonders schön tritt die Fluorescenz hervor, wenn man weiße Sonnenstrahlen mittelst einer Linse concentrirt und den entstehenden Lichtkegel in den Körper einfallen läßt (Fig. 56). Hierbei macht man noch eine Bemerkung, welche die Behauptung bestätigt, daß die Erregung der Körpermoleküle nur bis zu einer gewissen Tiefe unter der Oberfläche sich fortpflanzt; der Lichtkegel ist nämlich an der Stelle, wo er die Oberfläche trifft, besonders hell und wird von da an immer schwächer, während doch sonst das Umgekehrte stattfindet und gerade der Vereinigungspunkt der Strahlen am hellsten ist. Läßt man den künstlichen Regenbogen (das Farbenspectrum) im dunklen Zimmer auf einen gewöhnlichen, nicht fluorescirenden Körper fallen, so erscheint er an einzelnen Stellen des Spectrums vollkommen schwarz, an andern erglänzt er genau in der Farbe, welche das Spectrum an dieser Stelle selbst zeigt. Läßt man aber das Spectrum auf ein Papier fallen, welches mit Chininlösung überzogen ist, so verschwindet der rothe Theil des Spectrums völlig, dagegen erglänzt das Papier in den

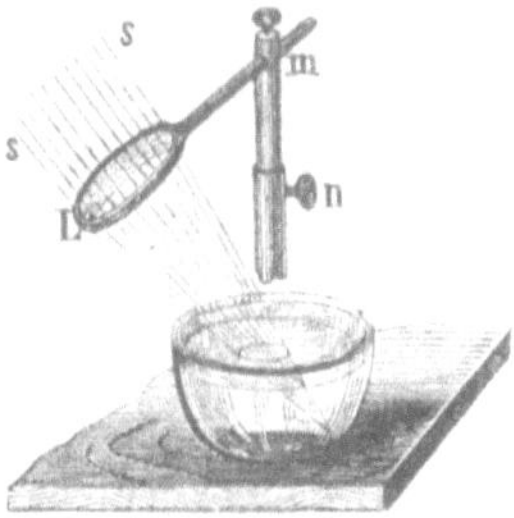

Fig. 56.

übrigen Theilen und weit noch ins Ultraviolette hinein mit blaßbläulichem Licht; man sieht daran mit voller Evidenz, daß die rascheren Aetherschwingungen in Schwingungen von etwas geringerer Geschwindigkeit durch die Chininlösung verwandelt werden.

Ein Streifen Uranglas löscht ebenfalls die rothen Strahlen aus, während er die blauen, violetten und ultravioletten Strahlen in grüne umsetzt. Aehnlich ist es bei Stechapfeltinctur.

Blattgrün (ätherischer Auszug von Pfeffermünzblättern) löscht die äußersten rothen Strahlen aus und erglänzt in den übrigen Theilen des Spectrums, namentlich im blauen, violetten und ultravioletten in röthlichbraunem Licht.

Die Fluorescenzerscheinungen werden sehr brillant, wenn man das Spectrum mittelst eines Prisma's aus Quarz herstellt, weil dieses namentlich die brechbareren (violetten und ultravioletten) Strahlen hindurchläßt; umgekehrt ist ein Hohlprisma, welches mit Schwefelkohlenstoff gefüllt ist, nicht zur Herstellung dieser Erscheinungen brauchbar, da es die ultravioletten Strahlen großentheils absorbirt. Andrerseits wieder sind Flammen mit bläulichem Licht, brennendes Magnesium und Aluminium besonders geeignet Fluorescenzerscheinungen hervorzurufen. Merkwürdig und auf den ersten Blick sehr verwunderlich ist dabei, daß während Schwefelkohlenstoff die blauen Strahlen mehr wie die andern absorbirt, er beim Brennen vorzugsweise blaue Strahlen aussendet. Wenn wir uns aber daran erinnern, was man unter Absorption versteht, so wird man den Zusammenhang unschwer begreifen. Aetherschwingungen werden im Innern eines Körpers absorbirt, wenn die Aethertheilchen im Stande sind die Körpermoleküle in Schwingungen, wenn auch in viel langsamere (dunkle) zu versetzen; sie übertragen ihre eigene Bewegung auf die Körpermoleküle und kommen selbst zur Ruhe.

Wenn Körpermoleküle in solche Bewegung kommen, daß sie den Aether zu Schwingungen anzuregen vermögen, welche dem blauen Licht entsprechen, so stehen die Körpermoleküle mit diesen Aetherschwingungen in Resonanz und können durch die letzteren ihrerseits in Bewegung gesetzt werden. Diese Bewegung der Körpermoleküle wird meist so langsam sein, daß (dunkle) Wärme, aber kein Licht entsteht. Hierauf beruht auch die Umkehrung der Flammenspectra. Glühende feste Körper geben bekanntlich ein continuirliches Spectrum ohne helle und dunkle Linien: glühende Gase, oder in Gasform versetzte feste Körper dagegen zeigen nur einzelne helle Streifen, welche bestimmten Stellen des Spectrums entsprechen. So gibt z. B. das Drummond'sche Kalklicht, durch ein Prisma zerlegt, ein aus allen Farben bestehendes Spectrum, welches weder dunkle noch helle Streifen zeigt, während der Dampf von brennendem Natrum oder eine Spiritusflamme, auf deren Docht Kochsalz (Chlornatrium) gestreut ist, lediglich einen (oder bei genauer Untersuchung zwei dicht neben einander liegende) helle gelbe Streifen liefert. Läßt man nun das Drummond'sche Licht durch eine matte Kochsalzflamme strahlen, so sieht man im Spectrum des Kalklichts einen dunklen Streifen im Gelb, genau da, wo die Kochsalzflamme für sich einen hellen Streifen erzeugt haben würde. Die Kochsalzflamme würde an sich das Gelb im Spectrum des Kalklichts verstärken, wenn sie nicht mehr von dem gelben Licht des glühenden Kalkes absorbirte, resp. in dunkle Wärmeschwingungen verwandelte, als sie selbst gelbes Licht ausstrahlt.

Diese Verdunkelung des Gelb durch die gelbe Kochsalzflamme tritt aber nur hervor, wenn sie selbst matt brennt, das Kalklicht aber sehr intensiv ist.

Die dunklen Streifen im Spectrum des Sonnenlichts (Frauenhofer'sche Linien) rühren daher, daß der weißglühende Sonnenkörper, welcher für sich ein continuirliches Spectrum geben würde, seine Strahlen durch glühende Gase schickt, welche den Sonnenkörper umgeben und die für sich einzelne farbige Streifen erzeugen. Indem die Gase (wie z. B. Chlornatriumdämpfe) selbst nur wenig farbiges (etwa gelbes) Licht ausstrahlen und verhältnißmäßig mehr von derselben Farbe aus dem Licht der Sonne absorbiren, werden die betreffenden Stellen im Sonnenspectrum verdunkelt.

Es ist klar, daß man auf diese Art im Stande ist aus den Frauenhofer'schen Linien zu bestimmen, welche Stoffe die Sonne in Dampfform umgeben.

Eine der Fluorescenz verwandte Erscheinung ist die namentlich auf Insolation beruhende Phosphorescenz. Werden manche Körper den Sonnenstrahlen ausgesetzt, so leuchten sie, ins Dunkle gebracht, noch kurze Zeit fort. Diese Eigenschaft zeigen z. B. Diamant, Flußspath, und besser noch die künstlichen Leuchtsteine, welche aus den Verbindungen des Schwefels mit Calcium, Barium und Strontium bestehen. Untersucht man das von solchen Körpern im Dunkeln ausstrahlende Licht mit Hilfe des Prisma's, so zeigt sich, daß es eine geringere Brechbarkeit hat als dasjenige, welches die Phosphorescenz hervorgerufen. Läßt man ultraviolette Strahlen (des Sonnenspectrums) auf ein mit Schwefelbarium bestrichenes Papier fallen, so leuchtet es, ins Dunkle gebracht, noch kurze Zeit mit gelbem Licht fort. Der ganze sichtbare Theil des Spectrums aber bringt keine Phosphorescenz hervor. Die Phosphorescenz ist also eine Fluorescenz, welche noch einige Zeit nach dem Bestrahlen fortdauert.

Was wir im Vorstehenden von der Reflexion, Absorption und Durchlaßbarkeit des Lichtes gesagt, gilt in ähnlicher Weise für die Wärme. Es gibt, wie schon früher bemerkt,

Körper, welche die Wärme aller Wärmequellen (Lampe, glühende Platinspirale, erhitztes Messingblech) gleich gut absorbiren: diese sind thermisch schwarz (Kienruß); andere reflectiren die Wärme jeder beliebigen Wärmequelle in gleichem Maß (Metalle); diese sind, vom optischen Standpunkt betrachtet, den weißen Körpern zu vergleichen; wieder andere lassen von allen Wärmequellen gleichviel Wärme durch (Steinsalz); man könnte sie thermisch farblos nennen. Die von Metallen reflectirte und von Steinsalz durchgelassene Wärme hat außerdem keine Veränderung erlitten, sie ist (im Wesentlichen) noch ebenso wie die direct von der Wärmequelle ausgestrahlte.

Dagegen gibt es Körper, welche die Wärmestrahlen gewisser Wärmequellen besser reflectiren, resp. durchlassen, wie die anderer; sie absorbiren Wärmestrahlen von gewissen Wellenlängen und man könnte sie deshalb thermisch farbig nennen. Zugleich ersieht man hieraus, daß die Wärmequellen selbst nicht einerlei Strahlen aussenden; es gibt gewissermaßen Wärmequellen von verschiedener Farbe. Ist Wärme von einer bestimmten Quelle durch einen Körper, z. B. durch ein Stück Spiegelglas gegangen, wobei von der ursprünglichen Wärmemenge ein ansehnlicher Theil reflectirt und absorbirt worden ist, so läßt eine zweite Spiegelglasplatte fast alles von der ersten kommende durch, ähnlich wie weißes Licht von einem blauen Glas nur zum Theil durchgelassen wird (nämlich nur das im Weiß enthaltene Blau), während das von dem blauen Glas durchgelassene Licht durch ein zweites blaues Glas ohne besonderen Verlust hindurchgeht.

Wenn aber Wärmestrahlen, welche durch eine Glasplatte gegangen sind, auf eine Alaunplatte fallen, so werden sie gänzlich absorbirt, während die letztere alle Strahlen durchläßt, welche vorher durch eine Citronsäureplatte gegangen waren. Alaun und Citronsäure haben thermisch dieselbe Farbe; Alaun und Glas aber sind von total verschiedener thermischer Färbung.

Ganz besonders bemerkenswerth ist noch, daß die Wärmestrahlen, welche die sichtbaren Theile des Farbenspectrums enthalten, von allen farblosen durchsichtigen Körpern (Wasser, Glas, Steinsalz) gleich vollständig durchgelassen werden (für die dunklen Wärmestrahlen, sowie für die Gesammtheit der Strahlen eines leuchtenden Körpers, weil diese ein Gemisch aus hellen und dunklen zugleich sind, gilt dieß nicht). Hieraus läßt sich schließen, daß Licht und Wärme von gleicher Brechbarkeit, also an derselben Stelle des Spectrums, identisch sind; d. h. man hat innerhalb des sichtbaren Spectrums Aetherschwingungen von verschiedenen Geschwindigkeiten, welche sowohl den Sehnerv, als auch die Gefühlsnerven in Bewegung zu setzen im Stande sind: je nach den Wirkungen, welche sie hervorbringen, führen sie den Namen Licht- oder Wärmeschwingungen. Ein Körper, welcher diese Aetherschwingungen durchläßt, hat damit zugleich Licht- und Wärmestrahlen durchgelassen; beides ist dasselbe; es äußert sich nur in verschiedener Weise, je nach dem Körper, mit dem es zusammentrifft. Im Allgemeinen jedoch ist zu bemerken, daß die hellen Strahlen, also die rascheren Schwingungen die Thermoskope und überhaupt die Moleküle der Körper nicht so leicht in Bewegung zu setzen im Stande sind, als die dunklen (die langsameren Schwingungen); sie sind besser geeignet den Sehnerven zu erregen und deshalb ist der Name „Lichtstrahlen" für sie wohlgeeignet.

Nach Allem, was bisher über Licht und Wärme gesagt worden, wird es kaum noch nöthig sein, besonders darauf hinzuweisen, daß das Gesetz von der Erhaltung der Energie auch hier sich vollständig bewährt; es können Ätherschwingungen von bestimmter Geschwindigkeit sich in andere von größerer oder geringerer Geschwindigkeit umsetzen; niemals aber geht irgend etwas verloren; der scheinbare Verlust bei der Absorption des Lichts bedeutet lediglich eine Umsetzung rascherer Schwingungen in langsamere, resp. eine Verwandlung von Licht in (dunkle) Wärme, oder von Aetherschwingungen in Schwingungen der Moleküle.

Die Verwandlung von Licht in Erscheinungen anderer Art und umgekehrt haben wir an verschiedenen Stellen schon der Hauptsache nach erörtert; daß durch mechanische Arbeit (Reibung) die Moleküle der Körper zunächst in solche Bewegung gerathen, daß sie den umgebenden Aether in dunkle Wärmeschwingungen und bei stärkerer Bewegung in Lichtschwingungen, verbunden mit Wärme- und chemischen Wirkungen, verwandeln ist so bekannt, daß hierüber nichts Weiteres zu sagen nöthig ist. Ebenso ist bei Erörterung der Absorption von der Umwandlung der (hellen) Aetherschwingungen in Schwingungen der Moleküle vielfach die Rede gewesen; Licht kann sich auch in äußere Bewegung verwandeln, indem es freilich vorher in Wärmebewegung der Körpermoleküle übergegangen ist; wirksamer sind übrigens mehr die dunklen Aetherschwingungen, denen eine größere Wellenlänge zukommt; die dunklen Aetherschwingungen von kleinerer Wellenlänge können in anderer Weise ebenfalls äußere Bewegung hervorbringen, indem sie zunächst chemische Zersetzung veranlassen. Fällt Sonnenlicht auf ein Gemenge von Chlor und Wasserstoff, so entsteht eine heftige Explosion und in Folge davon äußere Bewegung (Zertrümmerung des Gefäßes). Die ultravioletten Strahlen des Spectrums bringen dasselbe hervor; ebenso noch die dunkelblauen und violetten, nicht mehr aber der grüne und rothe Theil. Neuerdings hat Crookes einen Apparat construirt, bei welchem nach seiner Meinung direct durch Licht Bewegung eines Flügelrades erzeugt werden soll; es ist dieß das vielbesprochene, aber noch nicht genügend untersuchte **Radiometer** (Fig. 57). In einem mittelst der Quecksilberluftpumpe auf den äußersten Grad der Verdünnung gebrachten Glasgefäß schwebt auf einer Spitze ein kleines Glashütchen, an welchem 4 Arme angebracht sind, welche an ihrem Ende viereckige Glimmerblätt-

Fig. 57.

chen tragen; die Blättchen sind auf der einen Seite alle nach derselben Richtung hin mit Kienruß geschwärzt. Im zerstreuten Tageslicht bewegt sich das Radiometer nur wenig; fällt aber directes Sonnenlicht oder Licht von einer Kerze darauf, so beginnt es rasch zu rotiren und zwar in dem Sinne, als ob die schwarzen Flächen von den Lichtstrahlen abgestoßen würden. Eine Bunsen'sche Lampe, wenn sie durch Abhaltung der Luft hell brennt, bringt eine größere Wirkung hervor, als wenn sie bei Luftzutritt dunkel brennt, obwohl sie im letzteren Fall heißer ist. Eine Wasserschicht, welche sich zwischen dem Apparat und der Lichtquelle befindet, verzögert die Rotation sofort, oder hebt sie ganz auf. Schwarzes Glas dagegen hemmt die Rotation nicht viel. Ebenso rotirt der Apparat mit großer Lebhaftigkeit, wenn man ein Gefäß, welches mit einer Lösung von Jod in Schwefelkohlenstoff gefüllt ist, zwischen die Kerze und das Radiometer stellt.

Es ist nothwendig, um diese Erscheinung, soweit dieß überhaupt bis jetzt möglich ist, zu erklären, erst noch einiger Versuche Erwähnung zu thun, welche das Verhältniß von Licht und Wärme, und namentlich auch den Unterschied zwischen der dunklen Wärme, je nachdem sie von dunklen oder hellleuchtenden Körpern ausgeht, eingehender, als dieß in dem früher Gesagten geschehen ist, klar zu stellen.

Einerlei ob ein Körper, z. B. ein Platindraht bis zum Leuchten erhitzt ist oder nicht, so sind es doch nur die dunklen von ihm ausgehenden Strahlen, welche wesentlich Wärme verbreiten. Doch aber wirkt ein weißglühender Platindraht ungefähr 440 mal stärker erwärmend als ein auf nur 100° erhitzter; man kann dieß mit Hilfe der Thermosäule untersuchen, wenn man vor dieselbe das eine Mal eine Lösung von Jod in Schwefelkohlenstoff stellt, welche bekanntlich die Wärme absolut durchläßt, aber selbst für electrisches und Sonnenlicht vollständig undurchlässig ist, und das andere Mal ein Gefäß mit dem farblosen und höchst durchsichtigen Schwefelkohlenstoff: der letztere läßt kaum mehr Wärme durch als die dunkle Lösung: je heißer freilich die Lichtquelle ist, um so größer ist der Unterschied zwischen diesen Wärmemengen; beim electirschen beträgt die durch die leuchtenden Strahlen hervorgebrachte Wärme etwa $^{1}/_{10}$ von der durch die dunklen Strahlen erzeugten.

Woher kommt nun aber die enorme Verstärkung der Wärmewirkung, wenn die Körper hellleuchtend sind? Dieß hat seinen Grund in Folgendem: Bei einem sehr heißen Körper sind die Moleküle in der lebhaftesten Bewegung und wenn auch die Vibrationsgeschwindigkeit der dunklen Wärmestrahlen dieselbe bleibt, so wird doch durch die höhere Temperatur die Weite der Oscillationen enorm vergrößert. Eine und dieselbe Saite gibt stets denselben Ton, sie macht stets dieselbe Zahl von Schwingungen, einerlei ob sie schwach oder stark angestrichen wird: in dem einen Fall aber wird der Ton leise und die Oscillationen sind von sehr geringer Amplitude; sie sind deshalb auch nicht im Stande die Luft und das Trommelfell in lebhafte Bewegung zu setzen: im andern Fall aber sind die Oscillationen weit und bringen die Luft und das Trommelfell in lebhafte Bewegung.

Der Zuwachs an Wärme, den die hellen Strahlen eines leuchtenden Körpers liefern, ist es also nicht, welcher die enorme Verstärkung der Wärmewirkung hervorbringt, die ein heißer Körper gegenüber einem kühleren, dunklen besitzt, sondern es ist wesentlich die mit der steigenden Temperatur vergrößerte Oscillationsamplitude der dunklen Strahlen. Unser Sehnerv ist außerordentlich empfindlich im Vergleich mit den Gefühlsnerven und unsern Thermoskopen; eine Kerze wird von sehr großer Ferne her gesehen, ohne daß wir im Geringsten etwas von Wärme verspüren, obwohl trockene Luft die Wärme außerordentlich gut durchläßt und die Menge der hellen Strahlen bei einer Kerze kaum 5% von der Gesammtheit aller ausgesandten Strahlen beträgt. Der Mond verbreitet noch ein namhaftes Licht, aber selbst durch die feinsten Apparate hat man kaum nachweisen können, daß der Mond auch Wärmestrahlen ausschickt; es hat dieß schwerlich seinen Grund darin, daß der Mond von den auffallenden Sonnenstrahlen die dunklen fast total verschluckt, oder daß die Atmospäre dieselben absorbirt: die Menge der vom Mond herkommenden Strahlen ist überhaupt (im Vergleich zu den von der Sonne ausgehenden) sehr gering, die Lichtstrahlen reichen noch hin den Sehnerven in Bewegung zu setzen; die Wärmestrahlen aber können auf unsere verhältnißmäßig groben Thermoskope und unser Gefühl kaum mehr einwirken.

Was nun das Radiometer angeht, so wird dasselbe jedenfalls nicht, wie Crookes meint, durch eine „abstoßende Kraft" der Lichtstrahlen, sondern durch die dunklen Wärmestrahlen, d. h. von solchen dunklen Wärmestrahlen in Bewegung gesetzt, die von sehr heißen Körpern ausgehen; das zerstreute Tageslicht ist dazu nicht im Stande und zwar nicht deshalb, weil das „Licht" fehlt, sondern weil die dunklen Strahlen eine zu geringe Oscillationsamplitude besitzen und weil die Menge der auffallenden Wärmestrahlen zu gering ist. Daß eine hellbrennende Bunsen'sche Lampe besser als eine dunkle wirkt, hat in Folgendem seinen Grund. In der hellen Flamme sind mehr glühende Kohlentheilchen, welche gut die Wärme ausstrahlen, weshalb auch eine solche Flamme besser auf die Thermosäule wirkt, als die dunkle, wesentlich schlecht strahlende Gastheilchen enthaltende. Ist ein Körper freilich in unmittelbarer Berührung mit der letzteren, so wird er heißer: weil dieselbe mehr Wärme besitzt, die sie aber schlecht ausstrahlt. Die Wasserstoffflamme, namentlich wenn sie im reinen Sauerstoff brennt, bringt bei unmittelbarer Berührung eine enorme Erhitzung hervor und doch wirkt sie weniger stark auf die Thermosäule, als eine hellleuchtende Gasflamme, welche wegen der in ihr enthaltenen Kohlentheilchen besser ausstrahlt.

Wäre das Radiometer absolut leer, so würde schwerlich eine Bewegung eintreten; da aber immer noch etwas Luft in dem Glase ist, so entstehen, wie Neesen gezeigt hat, mit Rücksicht zugleich auf die verschiedene Wärme-Absorptionsfähigkeit der berußten und nichtberußten Seiten der Glimmerblättchen, Luftströmungen, welche die Bewegung veranlassen. Auf weitere Einzelheiten dieser zum Theil noch nicht hinreichend erforschten Erscheinung wollen wir uns hier nicht einlassen.

Was nun die magnetischen und electrischen Wirkungen angeht, so werden dieselben eher durch die langsameren (Wärme-) als durch die schnelleren (Licht-) Schwingungen hervorgebracht. Wir werden diese Verwandlungen bei Besprechung der magnetischen und electrischen Erscheinungen ausführlicher erörtern und bemerken nur noch, daß die magnetisirende Wirkung, welche das violette und ultraviolette Licht nach den Angaben der Lady Sommerset auf eine Stahlnadel hervorbringen soll, von anderer Seite in Zweifel gezogen worden ist.

X. Electricität und Magnetismus.

1. Electricität durch mechanische Arbeit.

Ein Gebiet von wunderbarer Fülle der Erscheinungen, welche in alle Theile der Physik hereinspielen und auch wegen ihrer praktischen Verwerthbarkeit ein hohes Interesse erregen, ist das Gebiet der electrischen und magnetischen Erscheinungen.

Leider aber ist kein Theil der Physik in theoretischer Beziehung in so tiefes Dunkel gehüllt, als gerade dieser, trotzdem die namhaftesten Forscher zahllose Versuche nach allen Richtungen hin gemacht haben, um die eigenthümlichen Bewegungen zu erkunden, auf denen die magnetischen und electrischen Erscheinungen beruhen. Wir werden uns deshalb auch wesentlich auf die Thatsachen beschränken, die Umsetzbarkeit der verschiedenen „Naturkräfte" in Electricität und Magnetismus sowie umgekehrt erörtern und namentlich nachweisen, daß das Gesetz der Erhaltung der Energie bei den Verwandlungen überall eingehalten wird; die verschiedenen Theorien aber, welche über das Wesen der Electricität und des Magnetismus aufgestellt worden sind, werden wir, da es sich namentlich in einem populären Werke nicht geziemt allzuviel Hypothesen vorzubringen, nur kurz berühren.

Zuerst nun wird es unsere Aufgabe sein die verschiedenen Methoden zu behandeln, wie Electricität und Magnetismus hervorgerufen werden kann.

Die älteste und gewöhnlichste Art der Electricitätserregung besteht in mechanischer Bewegung. Hierauf beruhen die einfachsten und bekanntesten electrischen Erscheinungen: Electrisirung einer Glas- oder Harzstange, Glasscheibe (Electrisirmaschine) durch Reibung, sowie einer Harz- oder Hartgummiplatte (Electrophor) durch Schlagen mit einem Fuchsschwanz. Der Umstand, daß dabei weder der Reiber noch das Reibzeug eine stoffliche Veränderung oder Abnutzung, welche mit der Electricitätserregung selbst in Beziehung stände, erfahren, sowie die auffallende Erscheinung, daß man ohne Ende Electricität hervorrufen kann, beweisen hinlänglich, daß die Electricität kein Stoff ist; es kann demnach kein Zweifel darüber bestehen, daß die Electricität auf Bewegung der Körper- oder der Aethermoleküle oder beider zugleich beruhe. Das Einzige, was bei der Electrisirung durch Reibung verbraucht wird, ist mechanische Arbeit (kinetische Energie) und es ist deshalb anzunehmen, daß diese äußerlich sichtbare Bewegung sich in eine innere, unsichtbare der kleinsten Theilchen verwandele. Auch die gewöhnliche Art des Magnetisirens eines Stahlstabs durch Streichen mit einem Magneten, wobei ebenfalls die Stäbe keine stoffliche Veränderung erfahren, nicht an Gewicht zu- oder abnehmen und auch der erregende Magnet nichts an seiner ursprünglichen Kraft verliert, ja eher noch gewinnt, muß auf den Gedanken führen, daß äußere sichtbare Bewegung in innere unsichtbare sich umsetze.

Gerade so ist es mit der Electricität, welche durch Druck hervorgerufen wird: Drückt man eine Metallplatte (an einem Harzgriff gehalten) auf ein Stück Wachstaffet, so wird die Platte negativ und der Taffet positiv electrisch; ein Stück Kalkspath, zwischen den Fingern gedrückt, wird positiv und behält diese seine Electricität Stunden, ja Tage lang bei.

Auch electrische Ströme kann man auf diese Art erzeugen: Stellt man zwei durch einen Schließungsdraht verbundene Platinplatten in eine Flüssigkeit, so nimmt man keine Electricität wahr; drückt man aber die eine mit den Fingern, oder schüttelt sie nur, so entsteht sofort ein galvanischer Strom. Auch hier kann es nur die äußere Bewegung, die mechanische Arbeit beim Drücken oder Schütteln sein, welche eine innere Bewegung, die sich als „Electricität" charakterisirt, hervorruft.

Diesen einfachen Erscheinungen fügen wir noch einige hinzu, welche ebenfalls auf Electrisirung durch mechanische Arbeit beruhen, aber schon etwas weniger leicht faßbar sind.

Bekanntlich kann ein electrischer Körper nicht blos bei unmittelbarer Berührung (durch Mittheilung), sondern auch von der Ferne her (durch Vertheilung) einen andern Körper electrisch machen. Im ersteren Fall geht, wenn beide Körper gute Leiter sind, ein Theil der Electricität von dem electrischen auf den unelectrischen Körper über; ist aber der electrische Körper ein schlechter, der unelectrische ein guter Leiter, so tritt, gerade wie bei der Wirkung in die Ferne, eine „Vertheilung" ein. Ist der unelectrische Körper ein schlechter Leiter, so hält es schwer ihn durch Vertheilung (ja selbst auch durch Mittheilung) electrisch zu machen. Die ungleichnamige Electricität wird in dem Leiter an das dem electrischen Körper zunächstliegende Ende herbeigezogen und die gleichnamige nach dem entfernten Ende hin abgestoßen. Die Grenze zwischen guten und schlechten Leitern ist übrigens schwer zu ziehen und außerdem läßt sich nachweisen, daß selbst in schlechten Leitern durch hinreichend kräftig electrische Körper eine Vertheilung hervorgerufen werden kann. Wirkt ein electrischer Körper auf ein Pack Glimmerblättchen, so wird jedes derselben electrisirt: ist z. B. der Körper positiv electrisch, so wird die demselben zugewandte Seite der einzelnen Glimmerblättchen negativ, die abgewandte positiv, es tritt ein Zustand ein, ähnlich wie er bei einem Magneten stattfindet: wären die Glimmerblättchen gute Leiter, so würde alle positive Electricität sich wesentlich an dem einen und alle negative an dem andern Ende ansammeln: jedenfalls aber darf angenommen werden, daß ein electrischer Körper auf seine ganze Umgebung und wenn sie auch aus Nichtleitern bestände, elektrisirend einwirkt und dadurch eine Wirkung in die Ferne ausübt. Deutlich erkennbar ist diese Einwirkung freilich nur bei guten Leitern, weil bei ihnen größere Mengen Electricität an den Enden sich anhäufen, während sie bei den schlechten Leitern auf die einzelnen Schichten sich vertheilt und so leicht übersehen wird. Bei Halbleitern werden wahrscheinlich beide Zustände in gewissem Maße gleichzeitig eintreten, eine schichtenmäßige Vertheilung und eine Art Strömung vom einen Ende zum andern.

Denkt man sich einen (positiv) elektrischen Körper umgeben von unelektrischen, die guten Leiter jedoch so weit von ihm entfernt, daß keine directe Mittheilung von Electricität, sondern nur Vertheilung eintreten kann, so bildet sich bald zwischen dem electrischen und den ursprünglich unelectrisch gewesenen, durch den ersteren aber nunmehr electrisirten Körpern ein Gleichgewichtszustand der electrischen „Spannungen" auf Grund des Gesetzes an der gleichen Wirkung und Gegenwirkung heraus.

Aendert man nun die Lage eines oder mehrer dieser Körper gegen einander, so entsteht ein neuer Gleichgewichtszustand; die Stärke der Electrisirung der einzelnen Körper verändert sich. Steht z. B. einem positiv electrischen Körper ein guter Leiter gegenüber, so tritt in demselben eine electrische Vertheilung ein, welche sich verstärkt, wenn der Leiter dem electrischen Körper genähert wird. Entziehe ich nun dem Leiter seine positive (abgestoßene) Electricität, so entsteht ein neuer Gleichgewichtszustand; entferne ich den Leiter wieder, so kann man ihm jetzt auch einen großen Theil seiner negativen Electricität entziehen; durch abermaliges Annähern und Entfernen läßt sich dasselbe Spiel beliebig oft wiederholen, ohne daß der ursprünglich electrische Körper etwas von seiner Electricität zu verlieren braucht. Die freie Electricität, welche auf diese Weise in unendlicher Menge erzeugt werden kann, ohne daß der ursprünglich electrische Körper etwas von seiner Electricität verliert, wird durch Verwandlung der Arbeit in Electricität (unter dem Einfluß der ursprünglichen Electricitätsquelle) hervorgerufen. Schon Mayer in Heilbronn hat in seinen ersten Abhandlungen in den vierziger Jahren darauf hingewiesen, daß die große Menge Electricität, welche man aus einem Electrophor durch wiederholtes Annähern und Entfernen des Metalldeckels ziehen kann, nur durch die Umsetzung der beim Heben und Senken des Electrophordeckels verrichteten Arbeit erzielt wird. Man hat es hier mit potentieller Energie — Energie der Lage zu thun. Worin sich eine geleistetete Arbeit umsetzen kann, hängt von den Umständen ab: sie kann sich, wie z. B. beim Heben eines Gewichts und nachherigem Wiederherabsinkenlassen, unter dem Einfluß der Schwerkraft in mechanische Arbeit zurückverwandeln, oder, wie dieß bei der Reibung eintritt, in Wärme und Electricität, oder in dem oben erläuterten Fall unter dem Einfluß eines electrischen Körpers (ohne Reibung ꝛc.) in Electricität umsetzen. Auf dieser Verwandlung von Arbeit in Electricität beruhen einige höchst wichtige und interessante Apparate: die Holz'sche Influenzelectrisirmaschine und der Inductor von Siemens (Maschine von Wild, Ladd und Gramme).

Die Electrisirmaschine von Holz (Fig. 58) besteht bekanntlich aus zwei Glasscheiben, von denen die eine fest, die andere (durch Kurbel und Rad) beweglich ist. Die feste Scheibe hat zwei Ausschnitte, an welche Papierstreifen mit Papierspitzen befestigt sind. Der beweglichen Scheibe stehen gerade da, wo sich an der festen Scheibe die Papierspitzen befinden, zwei Saugkämme cc gegenüber, welche mit den Conductoren DE, DE in Verbindung stehen. Wird nun dem einen Papierbeleg eine, wenn auch noch so geringe Menge Electricität zugetheilt und die bewegliche Scheibe gedreht, so schlagen alsbald zwischen den Knöpfen E, E der Conductoren kräftige, mehrere Zoll lange Funken über. Wie man sich auch im Einzelnen die Wirkungsweise der Maschine erklären mag, so ist doch dieß gewiß, daß die Entstehung einer so erstaunlichen Menge von Electricität in letzter Instanz auf der Umwandlung der Arbeit des Drehens der beweglichen Scheibe unter dem Einfluß der Spur von Electricität auf der festen Scheibe in Electricität beruht. Steht die Scheibe still, so hört die Wirkung auf, kann aber selbst nach längerer Zeit in wenigen Secunden wieder erzielt werden, wenn sich auch nur eine Spur von Electricität noch auf den Papierbelegen befindet. Ist das Papierbeleg nicht electrisch und man dreht die Scheiben, so empfindet man nur einen geringen Widerstand und außerdem werden die Zapfenlager heiß — es setzt sich die Arbeit in Wärme um.

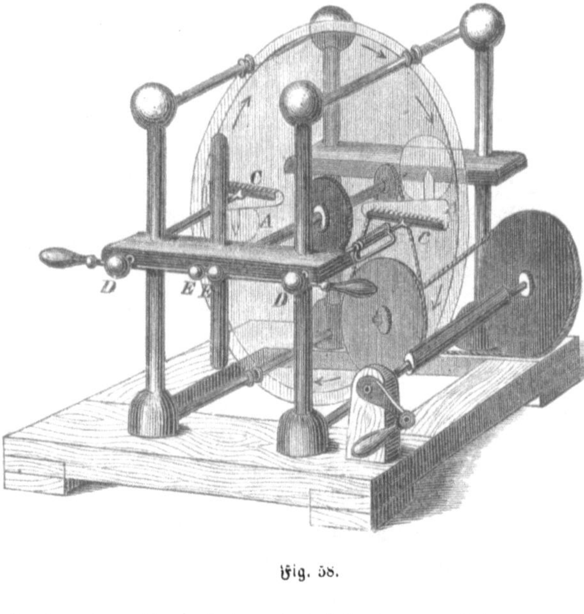

Fig. 58.

Ist aber das Papierbeleg electrisch, so empfindet man beim Drehen einen bedeutenden Widerstand; es wird Electricität und weniger Wärme erzeugt.

Die Wirkungsweise der Maschine beruht auf einer immerwährenden Vertheilung; man hat es gewissermaßen mit einem ständigwirkenden Electrophor zu thun.

1. Electricität durch mechanische Arbeit.

Wenn man eine Drahtrolle einer andern, in der ein electrischer Strom kreist, nähert oder von ihr entfernt, so entsteht jedesmal ein Strom in derselben (Inductionsstrom), aber nur so lange als die Annäherung, resp. die Entfernung andauert. Nicht minder kann man einen galvanischen Strom dadurch hervorrufen, daß man einen Magnetstab in eine Drahtrolle einsenkt oder aus derselben herausnimmt.

In regelrechter Folge entstehen diese Inductionsströme dadurch, daß man zwei Drahtrollen vor dem Polen eines Hufeisenmagneten ständig umdreht, wobei sich jede Rolle abwechselnd einem Pole nähert und wieder von ihm entfernt, in Folge dessen immerwährend Inductionsströme erzeugt werden. Besteht nun das Hufeisen aus sehr weichem Eisen, so entstehen zunächst in den Rollen beim Drehen sehr schwache Ströme, wenn das Hufeisen schwach magnetisch ist; diese Ströme wirken aber auf das Hufeisen zurück und verstärken den Magnetismus desselben, der nun wiederum in den Rollen kräftigere Ströme inducirt ꝛc. In wenigen Augenblicken hat sich alsdann bei raschem Drehen durch die gegenseitige Einwirkung von Strom und Magnet auf einander eine solche Steigerung herausgebildet, daß die Ströme die kräftigsten Wirkungen hervorzubringen im Stande sind. Hierauf beruht der Inductor von Siemens, sowie die Maschine von Wild, Gramme und Ladd.

(Bei der Influenzmaschine findet eine ähnliche Steigerung zwischen der Electricität der Papierbelege und der drehbaren Scheibe statt.)

Daß man übrigens auch umgekehrt Electricität in mechanische Bewegung umsetzen kann, ist so allbekannt, daß wir uns hierüber sehr kurz fassen können: Jeder kennt die Anziehungen und Abstoßungen, welche electrische Körper sowohl electrischen als unelectrischen Körpern gegenüber hervorbringen können; jeder kennt die electromagnetischen Maschinen, bei welchen mechanische Arbeit durch den galvanischen Strom geleistet wird. Leider aber ist es bis jetzt noch nicht gelungen, das mechanische Aequivalent der Electricität aufzufinden, d. h. zu bestimmen, welche Menge Electricität einem bestimmten Arbeitsquantum entspricht; es entstehen bei der Verwandlung von Electricität in mechanische Arbeit noch gar manche andere Erscheinungen, wie Wärme, Licht 2c., so daß es noch nicht möglich gewesen ist, die einzelnen Arbeitsmengen gesondert zu bestimmen.

Uebrigens wird sich im Folgenden noch mehrfach Gelegenheit finden, Beispiele von der Umsetzbarkeit der Electricität und der mechanischen Arbeit in einander anzuführen.

2. Electricität durch Wärme, Schall und Licht.

Da die Wärme, wie wir früher dargelegt haben, ebenfalls auf Bewegung beruht, so muß es möglich sein, auch Wärme in Electricität und umgekehrt zu verwandeln; und in der That lassen sich zahlreiche Erscheinungen aufführen, welche die Verwandlung der einen dieser beiden „Naturkräfte" in die andere deutlich erkennen lassen.

Erwärmt man einen Turmalinkrystall, so wird er an dem einen Ende seiner krystallographischen Hauptachse positiv, an dem andern negativ electrisch; er hat zwei electrische Pole, ähnlich wie ein Magnet zwei magnetische Pole besitzt. Zerbricht man den Turmalin, während er electrisch ist, in der Mitte, so hat jedes Stück wieder zwei electrische Pole, genau so wie die Stücke eines zerbrochenen Magneten wieder je zwei Pole besitzen.

Ganz besonders in theoretischer Beziehung beachtenswerth ist bei der Electrisirung des Turmalins der Umstand, daß der Krystall sich nicht electrisch zeigt, wenn er gleichmäßig über die ganze Länge auf derselben Temperatur erhalten wird; die Electrisirung tritt nur so lange deutlich hervor, als die Temperatur noch im Steigen begriffen ist; sinkt die Temperatur, so kehren sich die electrischen Pole allmälig um; — die Enden der Hauptachse sind nicht symmetrisch geformt; möglich, daß die Leitungsfähigkeit für Wärme (und Electricität) vom einen Pol nach dem andern verschieden ist. Ein schlechter Leiter der Electricität ist der Turmalin jedenfalls, denn sonst wären derartige polare Erscheinungen unmöglich; wenigstens würden dieselben nur äußerst kurze Zeit andauern können, indem die zwei Electricitäten, die positive und die negative, um zunächst die gewöhnliche Theorie in Geltung zu lassen, sich mit einander sofort ausgleichen würden. Beim Erwärmen des Turmalins treten aber nicht blos solche polare (statische) Erscheinungen, sondern auch galvanische Ströme auf, zum Beweis, daß der Krystall wenigstens einigermaßen auch eine strömende Bewegung zuläßt.

Auch andere (schlechtleitende, an den Enden der Achse unsymmetrische) Krystalle, wie Boracit, Quarz, Schwerspath, Topas, Titanit ꝛc. zeigen dasselbe Verhalten.

Die Bewegung der Moleküle, auf der die Wärmeerscheinungen beruhen, verwandeln sich, in Folge der eigenthümlichen inneren Structur, welche wahrscheinlich eine Abnahme der Leitungsfähigkeit vom einen Ende der Hauptachse nach dem andern hin bedingt, theilweise in eine Bewegung anderer Art, in eine solche, auf der die electrischen Erscheinungen beruhen.

Daß eine Aenderung in der inneren Structur vom einen Ende der Hauptachse nach dem andern hin für die Entstehung der Electricität maßgebend ist, beweist der Umstand, daß ein Kupferdraht, dessen Enden mit den Polen eines Galvanometers verbunden sind, wenn er an irgend einer Stelle erhitzt wird, gemeiniglich keine Spur von Electricität zeigt, daß aber solche sofort auftritt, wenn man an irgend einer Stelle die Dichtigkeit des Kupferdrahts verändert, z. B. einen Knoten in denselben macht und in der Nähe dieser Stelle erhitzt. Ebenso werden Thermoströme erhalten, wenn man die eine Hälfte eines harten Drahtes durch Ausglühen weich macht und nach dem Erkalten die Stelle erhitzt, wo die weiche und die harte Hälfte zusammenstoßen; der Strom geht dabei gemeiniglich, jedoch nicht ausnahmslos durch die erhitzte Stelle vom weichen zum harten Theil über. Nicht minder lassen sich Thermoströme hervorrufen, wenn man die eine Hälfte eines Drahtes durch Gewichte stark anspannt, oder dreht (tordirt), oder seitlich preßt.

Auch dadurch, daß man zwei verschiedene Metalle an einander löthet und in der Nähe einer Löthstelle erhitzt, bildet sich eine electrische Bewegung.

Ein einfacher Apparat, welcher diese Erscheinung zeigt, ist in Fig. 59 abgebildet: An einen Wismuthstab ist ein Kupferbügel so angelöthet, daß das Ganze ein Viereck bildet; im Innern desselben spielt auf einer Spitze eine Magnetnadel; stellt man den Apparat in den magnetischen Meridian, d. h. in die Richtung von Süd nach Nord, so daß die Nadel sich ganz innerhalb des Vierecks befindet, so fängt dieselbe an, sich zu drehen, sobald die eine Löthstelle erhitzt wird — ein in der Nähe einer Magnetnadel vorübergehender electrischer Strom ist bekanntlich im Stande die Nadel um so mehr aus ihrer Richtung abzulenken, je stärker er ist.

Hätte man die Löthstelle nicht erhitzt, sondern durch Eis abgekühlt, so hätte die Nadel nach der andern Seite hin ausgeschlagen, es wäre also ein Strom in entgegengesetzter Richtung entstanden.

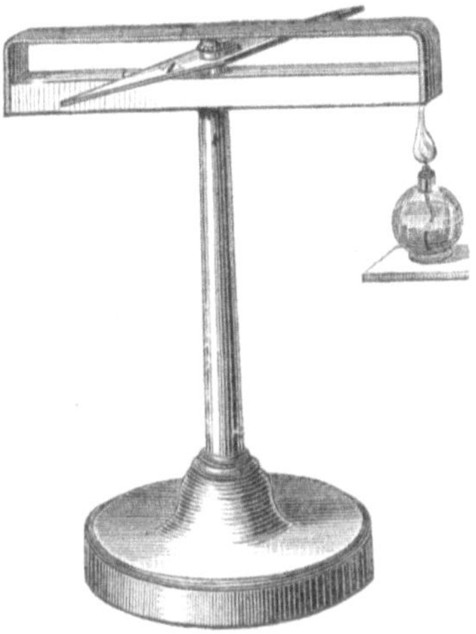

Fig. 59.

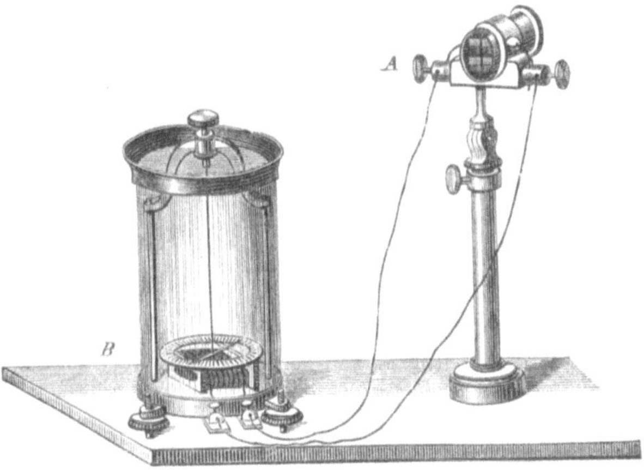

Fig. 60.

Man kann die Wirkung bedeutend verstärken, wenn man eine ganze Anzahl von Wismuth- und Antimonstäbchen zusammenlöthet und in eine Messinghülse **A** (Fig. 60) einschließt (Thermosäule); werden die Enden des letzten Wismuth- und Antimonstäbchens durch Drähte mit den Umwindungen des allbekannten Multiplicators B verbunden, so schlägt die Nadel sofort aus, wenn man auch nur die Hand in die Nähe der einen Seite der Thermosäule bringt. Der „Thermomultiplicator" ist das feinste Thermometer und dient dazu die geringsten Temperaturdifferenzen nachzuweisen (Untersuchungen über die strahlende Wärme rc.).

Ueber electrische Bewegungen, welche durch den Schall hervorgerufen werden, hat man noch keine bemerkenswerthen Daten gewonnen; auch das Licht ruft nur indirect electrische Ströme hervor, indem es zunächst chemische Zersetzungen erzeugt. Einen Versuch wollen wir jedoch hier anführen, weil er ebenso einfach wie belehrend ist. Bringt man zwischen zwei in einem Kästchen befindliche Platinplatten ein mit Jodsilber getränktes Papier und läßt dann durch eine Oeffnung im Kästchen Lichtstrahlen auf die eine Platinplatte fallen, so entsteht sofort ein galvanischer Strom.

Daß hier durch das Sonnenlicht zunächst chemische Wirkungen hervorgebracht werden, beweist der Umstand, daß blaues Licht am kräftigsten wirkt.

Nicht minder zahlreich sind die umgekehrten Erscheinungen, welche auf Verwandlung von Electricität in Wärme, Schall und Licht beruhen; wir führen nur einige wenige an, welche gewissermaßen als Typen für ganze Classen von Erscheinungen gelten können.

Läßt man einen galvanischen Strom, oder den Schlag einer Leidener Flasche durch einen Draht gehen, so wird derselbe um so mehr erhitzt, je mehr er dem Strom Widerstand entgegensetzt. Ein Silber-, ein Eisen- und ein Neusilberdraht von gleichen Dimensionen erwärmen sich verschieden stark; bringt man nun eine Magnetnadel in die Nähe, so bemerkt man, daß wenn der Strom durch einen Neusilberdraht geht, ein viel kleinerer Ausschlag der Nadel erfolgt, als wenn man einen Silberdraht angewandt hätte; dafür erhitzt sich aber auch der Neusilberdraht beträchtlicher; hier findet offenbar eine theilweise Umsetzung von Electricität in Wärme statt. Der Neusilber- oder Eisendraht läßt vermöge seiner inneren Beschaffenheit diejenige Bewegung (seiner Moleküle oder des Aethers), auf welcher die electrischen Erscheinungen beruhen, nicht so leicht entstehen als der Silberdraht: die electrische Bewegung wird im schlechteren Leiter gehemmt und verwandelt sich theilweise in eine oscillirende Bewegung der Körpermoleküle, d. h. in Wärme. Zugleich auch wird der Eisendraht und überhaupt jeder Körper, durch den ein Strom geht, in einem gewissen Grad magnetisch: auch Kupfer- und Silberdraht zieht Eisenfeile an, wenn ein Strom durch ihn hindurchgeht. Gleichzeitig auch erfahren Drähte, welche von einem Strom durchflossen werden, molekulare Veränderungen, ein Kupferdraht verliert, ein Eisendraht gewinnt an Härte und Elasticität.

Wenn ein Strom durch einen langen Draht und zugleich durch irgend welche Apparate geht, so ist zwar die Stromstärke überall die gleiche, die Magnetnadel gibt an allen Stellen denselben Ausschlag; dagegen ist die Erwärmung nicht überall dieselbe: sie hängt ab von dem Material (specifischer Leitungswiderstand) und von dem Querschnitt des Stromkreises an den einzelnen Stellen; besonders beachtenswerth ist, daß die Temperatur in einem homogenen Draht von wechselnder Dicke im umgekehrten Quadrat des Querschnitts sich ändert: außerdem sind die Wärmemengen den Quadraten der Stromstärken proportional.

Läßt man einen Strom durch ein Thermoelement (zwei an einander gelöthete Drähte von verschiedenem Metall) gehen, so entsteht entweder Wärme oder Kälte. In dem oberen zu einer Kugel erweiterten Theil eines Luftthermometers (Figur 61) ist ein Thermoelement aus Antimon und Wismuth eingeschmolzen; läßt man durch dasselbe

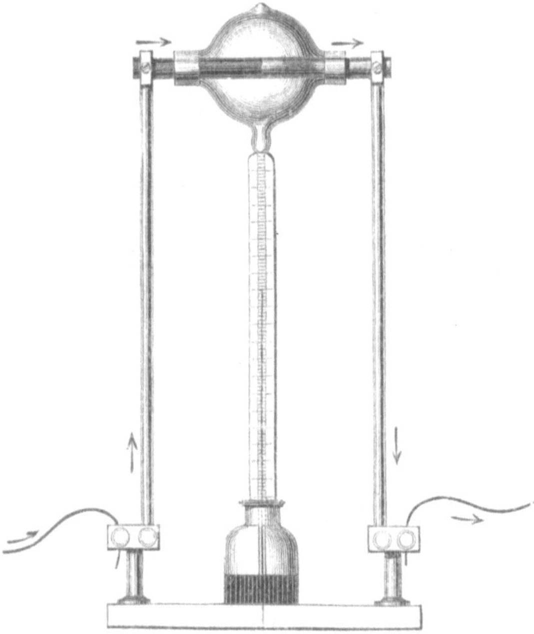

Fig. 61.

einen Strom gehen in der Richtung vom Wismuth zum Antimon, so zeigt das Thermometer Kälte, im andern Fall Wärme an. Würde man die Löthstelle des Thermometers erhitzen, so entstände ein Strom, welcher vom Wismuth zum Antimon ginge; würde man die Löthstelle abkühlen, so liefe der Strom in umgekehrter Richtung. Wenn ein Strom vom Wismuth nach dem Antimon hin entstehen soll, so muß Wärme angewandt (verbraucht) werden; läuft also ein Strom vom Wismuth zum Antimon, ohne daß Wärme zugeführt wird, so muß ein Theil der inneren Wärme des Körpers selbst verzehrt werden — es entsteht Kälte. Umgekehrt muß Wärme abgeführt werden, wenn ein Strom vom Antimon zum Wismuth laufen soll; und geht wirklich ein Strom vom Antimon zum Wismuth, ohne daß künstlich die Löthstelle abgekühlt wird, so muß hier Wärme entstehen.

In Betreff der durch die Electricität hervorgerufenen Lichterscheinungen erwähnen wir nur kurz die electrischen Funken, welche bei positiver Electricität als strahlige Büschel, bei negativer als kleine leuchtende Pünktchen erscheinen.

Es ist zwar gewiß, daß bei der electrischen Entladung Körpertheilchen von dem positiven Pol nach dem negativen übergehen; allein es ist nicht anzunehmen, daß diese allein die Glüherscheinung erzeugen, denn sonst müßte z. B. die Abnützung des positiven Conductors einer viel gebrauchten Electrisirmaschine bei den oft sehr langen und kräftigen Funken viel bedeutender sein, als sie in Wirklichkeit ist.

Das Glühen und Leuchten von Drähten, sowie von Kohlenspitzen (electrisches Licht) ist so bekannt, daß wir hiervon nicht weiter zu reden brauchen.

Besondere Beachtung verdient der Umstand, daß die Electricität im luftverdünnten Raume auf viel größere Erstreckung hin und zwar büschelförmig und eigenthümlich geschichtet überspringt, daß aber bei äußerster Verdünnung der Uebergang gänzlich aufhört. So viel scheint also festzustehen, daß der electrische Strom in dichteren Stoffen zwar nicht selten eine bedeutende Hemmung erfährt, daß er aber doch nicht ohne das gleichzeitige Vorhandensein der gemeinen

Materie sich fortpflanzen kann, während das Licht noch ungeschwächt durch Räume hindurchgeht, welche auf den äußersten bis jetzt erreichbaren Grad der Verdünnung gebracht sind.

Noch bemerken wir, daß die feurigen Entladungen der Electricität in erster Instanz eine Glüherscheinung und nicht eine Verbrennungserscheinung sind; denn auch in Gasen, welche eine chemische Verbindung mit den Theilchen der Conductoren nicht eingehen, springt der Funke leuchtend über.

Von geringem Belang sind die bis jetzt aufgefundenen Umwandlungen von Electricität in Schallbewegung: sie reduciren sich auf das Tönen gespannter von einem Strom durchflossener Drähte, z. B. auch der Telegraphendrähte. Nur das Telephon von Reis (in Friedrichsdorf), mittelst dessen Schallbewegungen durch den galvanischen Strom fortgepflanzt werden, ist neuerdings zu größerer Bedeutung gelangt.

3. Beziehungen zwischen Electricität und Magnetismus.

Als Oersted im Jahre 1820 zufällig eine Magnetnadel in der Nähe einer galvanischen Batterie aufgestellt hatte, beobachtete er, daß dieselbe beim Schließen des Stromes plötzlich eine andere Richtung annahm. Diese Entdeckung machte damals in den naturwissenschaftlichen Kreisen ungeheures Aufsehen; man erkannte sofort, daß ein ganz neuer Zweig der Wissenschaft aus dieser einfachen Beobachtung resultiren würde und daß es nunmehr gelingen dürfte nicht blos den Zusammenhang zwischen Electricität und Magnetismus zu ergründen, sondern auch den räthselhaften Ursachen dieser „Naturkräfte" auf den Grund zu kommen. Die eine Hoffnung hat sich denn auch in großartigem Maßstabe erfüllt; schon nach wenigen Jahren sind durch die Bestrebungen von Oersted, namentlich aber von Ampère (und Arago) eine ganze Reihe von merkwürdigen Beziehungen zwischen Electricität und Magnetismus gefunden worden; was aber die theoretische Einsicht in die letzten Ursachen angeht, so ist bis jetzt ein erheblicher Fortschritt noch nicht gemacht worden.

Es kann hier nicht unsere Absicht sein die Beziehungen zwischen Electricität und Magnetismus in allen Einzelnheiten zu behandeln, wir müssen in dieser Beziehung auf die Lehrbücher der Physik verweisen: Wir führen nur einige besonders wichtige Erscheinungen auf. Jeder weiß, daß eine Magnetnadel sich senkrecht auf die Richtung des an ihr vorbeifließenden Stromes zu stellen sucht und daß umgekehrt ein Stück Eisen oder Stahl, wenn der Strom wiederholt in Windungen senkrecht zu seiner Längsrichtung um dasselbe geführt wird, vorübergehend oder dauernd magnetisch wird.

Ganz besonders interessant aber ist die Erscheinung, daß ein schraubenförmig gewundener, freibeweglicher leitender Draht aus beliebigem Material alle Eigenschaften eines Magneten erlangt: er zieht Eisenfeile an, stellt sich von Süd nach Nord und sein Nordende wird von dem Nordpol eines Magneten abgestoßen, von dem Südpol aber angezogen. Dieß hat nun zu der Ansicht geführt, daß ein Magnet ein Körper sei, dessen einzelne Theilchen von electrischen Strömen in derselben Richtung umkreist seien: von einem *einzigen* um den Magnet als Ganzes laufenden Strom kann man nicht reden, da man auf keine Weise einen solchen Strom hat nachweisen können; außerdem aber weiß man, daß wenn ein Magnet in noch so kleine Stücke zerbrochen wird, jedes dieser Stücke für sich die Eigenschaften eines vollkommenen Magneten besitzt.

Wenn ein electrischer Strom einen Eisenstab umkreist, so bewirkt er offenbar eine eigenthümliche Bewegung der einzelnen Körpermoleküle und der dieselben umgebenden Aetherhüllen; schon der Umstand, daß beim Magnetisiren durch den galvanischen Strom, also ohne äußere Erschütterung, Wärme entsteht und daß die Magnetisirung leichter gelingt, wenn man das Eisen oder namentlich den Stahl wiederholt mit einem Hammer schlägt, weist auf eine solche Aufrüttelung der Körpermoleküle hin; außerdem muß die Bewegung der einzelnen Theilchen in ihrer Richtung übereinstimmen, da sich die einzelnen Theilchen eines zerbrochenen Magneten vollkommen gleich verhalten.

Man hat deshalb hie und da die Ansicht ausgesprochen, daß bei einem im magnetischen Zustand befindlichen Körper die Moleküle alle nach derselben Richtung um parallele Achsen rotirten und daß der electrische Strom die Fähigkeit besitze eine solche Rotation hervorzurufen, resp. die Rotationsachsen zu „richten“, so daß die Rotation in dem Sinne des Stromes erfolgt.

Es läßt sich von vornherein erwarten, daß die Moleküle der verschiedenen Körper nicht mit gleicher Leichtigkeit in eine solche Bewegung gebracht werden können; es hängt dieß von der inneren Constitution der Körper ab. Diejenigen, wie Eisen und Stahl, deren Moleküle besonders leicht sich in der gedachten Weise „richten“ lassen, nennt man vorzugsweise magnetische. Bei einer großen Anzahl von Körpern tritt jedoch ein Zustand ein, den man als diamagnetisch bezeichnet. Als Repräsentant dieser Art von Körpern können wir das Wismuth nehmen. Während ein Eisenkügelchen von beiden Polen eines Magneten angezogen wird, wird ein Wismuthkügelchen von beiden Polen abgestoßen. Ein Eisenstäbchen, zwischen den Polen eines Magneten aufgehängt, stellt sich mit seiner Längsrichtung in die Verbindungslinie der Pole, ein Wismuthstäbchen stellt sich senkrecht darauf.

Bei diamagnetischen Körpern sind (nach Secchi's Meinung) die Moleküle, in Folge der inneren Construction dieser Körper, eher geneigt in einer Richtung zu rotiren, welche der des Stromes entgegengesetzt ist; — es können kleine Windrädchen, je nachdem die Flügel gestellt sind, auch in einer Richtung rotiren, welche der Richtung des sie bewegenden Windes entgegengesetzt ist; in diesem Fall wird auch der Wind die Rädchen abstoßen, während er sie anzieht, wenn sie in derselben Richtung, wie der Luftstrom läuft, rotiren (magnetische Körper).

Uebrigens wirkt der galvanische Strom, resp. ein Magnet auf alle Körper in dem einen oder dem andern Sinne mit verschiedener Stärke ein, je nachdem die Rotationen mit einer gewissen Leichtigkeit in dem einen oder dem andern Sinne erfolgen können.

Bei manchen Körpern, wie z. B. beim Stahl, bleibt ein Theil des Magnetismus noch auf längere Zeit in den Körpern zurück, nachdem der Strom bereits zu wirken aufgehört hat; bei andern (Eisen) verliert sich der Magnetismus sofort nach dem Oeffnen des galvanischen Stromes. Beim Eisen herrscht offenbar eine leichtere Beweglichkeit der Theilchen, so daß der Strom sie unschwer in gleicher Richtung rotiren machen kann; hört aber die Wirkung des Stromes auf, so wird durch die Einwirkung der Theilchen auf einander der ursprüngliche Zustand wieder zurückgeführt, was bei Stahl nicht der Fall ist.

Wir begnügen uns mit diesen Andeutungen umsomehr, als man irgend thatsächliche Anhaltspunkte über die innere Beschaffenheit magnetischer und diamagnetischer Körper nicht besitzt und wir uns nicht so tief in den Bereich der Hypothesen verlieren wollen.

Bei der galvanischen Electricität zeigen sich Anziehungen und Abstoßungen, welche denen bei der statischen analog sind.

Wenn zwei bewegliche Drähte, welche hinreichend nahe bei einander sich befinden, von galvanischen Strömen durchflossen werden, so suchen sie sich einander gleichstimmig parallel zu stellen, d. h. so, daß die (positiven) Ströme in ihnen nach derselben Richtung parallel laufen: sie suchen sich einander zu nähern, wenn die Ströme in ihnen gleichstimmig parallel sind und von einander zu entfernen, wenn die Ströme in entgegengesetzter Richtung gehen.

Wir halten es für angezeigt, an dieser Stelle einige allerdings hypothetische Bemerkungen über die Natur der Electricität zu machen, welche geeignet sind uns nicht blos die vorhin genannten Erscheinungen sowie die Möglichkeit einer Wirkung in die Ferne begreiflich zu machen, sondern uns einen theoretischen Einblick in die electrischen und magnetischen Vorgänge überhaupt zu gewähren. Getreu unserer Abneigung nicht hinreichend begründete Hypothesen in einem populären Werke zu häufen, werden wir nur kurze Andeutungen geben und verweisen in Betreff des Weiteren auf die vortrefflichen Werke von Grove (die Verwandtschaft der Naturkräfte) und von Secchi (die Einheit der Naturkräfte).

Die älteren Physiker waren der Meinung, daß es zwei Electricitäten, eine positive und eine negative gäbe, welche stets gleichzeitig und in gleicher Menge entständen. Aber schon im vorigen Jahrhundert hat der berühmte Erfinder des Blitzableiters, Franklin, die Ansicht aufgestellt, daß es nur eine Electricität gäbe, daß die positive einen Ueberfluß über die gewöhnliche Menge von Electricität, wie sie in den sog. unelectrischen Körpern enthalten sei, und die negative einen Mangel bedeute. Diese Ansicht kam aber vorläufig nicht zur Geltung; viele neuere Physiker jedoch haben dieselbe in gewissem Sinn wieder aufgegriffen und glauben auch an das Vorhandensein von nur einer Electricität. Im Weiteren weichen nun freilich die Ansichten sehr von einander ab: die Einen (Grove) sprechen bei den dynamischen Erscheinungen von einer Bewegung der Körpermoleküle, wobei die Möglichkeit einer ungeheueren Verdünnung der Materie um die gröberen Moleküle herum angenommen wird; die Andern (Secchi, Edlund u. A.) statuiren eine Bewegung des Aethers, wobei nun freilich wieder ein Unterschied insofern eintritt, als Secchi eine fortschreitende, Edlund eine schwingende Bewegung annimmt.

Am ausführlichsten behandelt Secchi diese difficile Frage und es scheint uns, als ob seine Theorie eine besondere Beachtung verdiene. Wir werden späterhin (bei Besprechung der Arbeiten des galvanischen Stromes) auf Erscheinungen aufmerksam machen, welche sich nicht wohl anders als durch ein wirkliches Strömen erklären lassen.

In den guten Leitern kann der Aether (vermöge ihrer inneren Constitution) leicht fortschreitende Bewegungen machen, in den schlechten eher transversale. Ein Umstand besonders ist es, welcher dieser Theorie zur Stütze dient: die durchsichtigen Körper sind (fast ausnahmslos) schlechte Leiter der Electricität, während die guten Leiter meist undurchsichtig sind: nun beruht aber das Licht auf transversalen Bewegungen des Aethers. Ist nun der Körper so construirt, daß der Aether nicht wohl fortschreitende Bewegungen machen kann, so ist er ein schlechter Leiter der Electricität: ist er dabei, wie gewöhnlich, durchsichtig, so gestattet er dem Aether transversale Bewegungen: im andern Fall, wenn sich beiden Arten von Bewegungen Schwierigkeiten entgegensetzen, ist er ein schlechter Leiter der Electricität und zugleich undurchsichtig (Harz).

Schlechte Leiter werden nur bei starker Erregung (Reibung) positiv oder negativ electrisch, weil der Aether in ihnen nur schwer fortschreitende Bewegungen machen kann und sie demnach weder leicht Aether aufnehmen, noch abgeben können.

Ist ein ein Körper (positiv) electrisch, so heißt dieß, wie schon bemerkt, daß er mehr Aether als im gewöhnlichen Zustand, sei es nun durchaus, oder an irgend einer Stelle besitzt. Ist ein (positiv) electrischer Körper von schlechten Leitern umgeben, so können diese zwar keinen Aether oder doch nur wenig in kürzerer Zeit aufnehmen; dafür aber wird von Seiten des verdichteten Aethers auf der Oberfläche des (positiv) electrischen Körpers ein lebhafter Druck ausgeübt, der sich weiter durch den schlechten Leiter von Schicht zu Schicht in abnehmender Stärke fortpflanzt: dieser Druck kann dann weiter auf den Aether in ferner stehenden guten Leitern übergehen, welcher dort leicht in „electrische" Bewegung geräth. Dieser Druck stößt den Aether an dem dem electrischen Körper zugewandten Ende des ferner stehenden Leiters ab, so daß eine Strömung nach dem andern Ende hin stattfindet. An dem zugewandten Ende entsteht auf diese Art ein Mangel an Aether, an dem abgewandten ein Ueberfluß (negativ und positiv). Ist ein Körper negativ electrisch, d. h. hat er Mangel an Aether, so übt umgekehrt der Aether in umgebenden Isolatoren einen Druck auf diesen aus, da er nicht, oder nur schwer ausfließen kann. Daß sich diese umgekehrte Wirkung ebenfalls in die Ferne fortpflanzt, ist leicht zu sehen und ebenso daß in einem fernerstehenden Leiter der Aether nach dem dem electrischen Körper zugewandten Ende hinfließt, so daß er dort positiv, am andern Ende aber negativ electrisch wird.

Wird der Leiter einem (positiv) electrischen Körper genähert, so ist die Einwirkung stärker: die Größe des Mangels an Electricität an dem zugewandten und des Ueberflusses an dem abgewandten Ende steigert sich; bei der Entfernung ist es umgekehrt.

Ein electrischer Körper, welcher ein guter Leiter ist, verliert leicht einen Theil seiner Electricität, d. h. seines

Aethers an andere gute Leiter, welche dadurch bis zu dem Grade positiv werden, daß die Dichtigkeit auf dem Leiter und dem electrischen Körper dieselbe ist; ist er negativ, so strömt von den umgebenden Körpern Aether (mehr oder minder schnell, je nach der Leitungsfähigkeit derselben) zu; dadurch werden dieselben auch negativ.

Es erklärt sich nun auch leicht, warum beim Reiben zweier Körper an einander der eine stets positiv, der andere negativ electrisch wird: der eine gibt Aether an den andern ab, so daß in dem ersten ein Mangel, in dem zweiten ein Ueberfluß an Aether entsteht.

Steht ein guter Leiter einem (positiv) electrischen Körper gegenüber, wobei er in den Zustand der Vertheilung kommt, so wird, wenn man ihn mit dem Finger berührt, der menschliche Körper und die ganze Erde sozusagen ein Theil des Leiters; der Aether fließt in die Erde ab und der ganze Leiter wird negativ. War der electrische Körper negativ, so fließt aus der Erde Aether zu und der Leiter wird durchaus und nicht blos an dem dem electrischen Körper zugewandten Ende positiv.

Wenn zwei positiv electrische Körper einander gegenüber stehen, so übt jeder auf den umgebenden Aether bis jenseits des andern einen Druck aus: dieser Druck ist in dem zwischen beiden Körpern befindlichen Raum gleich der Summe der beiden Druckkräfte, während er in den Räumen hinter beiden geringer ist. Ist nun die Materie, in welcher die beiden Körper sich befinden, ein schlechter Leiter (z. B. trockene Luft), so kann der Aether in dem Raume zwischen beiden Körpern nicht nach der Seite hin entweichen, und da der Druck von Außen her geringer ist, so müssen die Körper sich von einander entfernen. Aehnlich läßt sich auch zeigen, daß zwei negativ electrische Körper einander abstoßen, während ein positiv und ein negativ electrischer Körper einander anziehen müssen.

An einer andern Stelle werden wir die hier skizzirte Hypothese weiter verfolgen.

4. Electricität durch chemische Wirkungen.

Wir treten nun einer Frage näher, deren Beantwortung ungewöhnliche Schwierigkeiten besitzt; es handelt sich darum, ob bei der Entstehung des galvanischen Stromes die chemischen Wirkungen, welche die mit einander in Berührung befindlichen Substanzen auf einander ausüben, die Ursache der Electricität sind, ob umgekehrt vielleicht die Electricität das Primäre und die chemische Zersetzung das Secundäre ist, oder ob bei der Berührung verschiedenartiger Körper Electricität auch ohne begleitende chemische Veränderung entstehen kann.

Jedenfalls muß, wenn überhaupt bei der Berührung verschiedenartiger Körper Electricität eintritt, irgend eine andere Veränderung in äquivalenter Menge zu Tage kommen, denn keine Wirkung kann aus Nichts entstehen. Nun sind allerdings chemische Zersetzungen im Innern der galvanischen Elemente ausnahmlos die Begleiter der entstehenden Electricität; auch hat man gefunden, daß die Stromstärke der Menge der zersetzten Substanz proportional ist, so daß man sogar die chemische Zersetzung als ein Maß für die Stromstärke benutzt. Niemand freilich bezweifelt den Zusammenhang der bereits im Gang befindlichen (hydroelectrischen) Ströme und der in der Kette währenddessen stattfindenden chemischen Zersetzung; die ganze Frage dreht sich eigentlich nur um den ersten Moment, in welchem der Strom entsteht. Taucht man ein Stück reines Zink in angesäuertes Wasser, oder in Zinkvitriollösung, so entsteht keine (bemerkbare) chemische Zersetzung und doch zeigt das aus der Flüssigkeit hervorragende Zinkstück eine Spannung von negativer Electricität; (die Flüssigkeit muß dabei positiv electrisch werden). Ist das Zink unrein, in welchem Fall es von der verdünnten Säure angegriffen wird, so ist sogar die negative Spannung an dem aus der Flüssigkeit herausragenden Ende des Zinkstücks geringer, als wenn das Zink intact bleibt. Auch ist bekannt, daß eine galvanische Kette eine größere Stromstärke zeigt, wenn die in den Flüssigkeiten stehenden Leiter bei geöffnetem Strom keinen chemischen Angriff erleiden.

Bei directem chemischem Angriff geht die Erregung der Aether- und Körpermoleküle nicht vollständig in den Stromkreis über und insofern entsteht eine geringere Stromintensität.

Wir bemerken noch, daß man unter primären Actionen solche versteht, die nicht ohne Stromfluß erfolgen; die andern nennt man secundäre.

Aus dem Gesagten geht unzweifelhaft hervor, daß bei lediglich primären Actionen zunächst (bei ungeschlossenen Strömen) keine chemische Action, sondern nur eine physikalische stattfindet: die Aetherhüllen der einander berührenden Körper sind, falls sie überhaupt einen Strom zu erzeugen vermögen, so verschieden von einander, daß sie, wie schon aus früheren Andeutungen hervorgeht, lebhaft auf einander wirken, ohne gerade eine chemische Zersetzung direct hervorzubringen; es findet, wie einige Physiker sich kurz ausdrücken, lediglich eine „Tendenz" zu chemischer Zersetzung statt. Die wirkliche chemische Zersetzung beginnt erst, wenn die galvanische Kette geschlossen wird, wenn die „Spannung" sich in einen „Strom" verwandelt. Wir folgen dabei den Meinungen derjenigen, welche den galvanischen Strom als einen wirklichen Aetherstrom und nicht als ein bloßes Oscilliren der Aethertheilchen ansehen. Zur Begründung dieser Ansicht bemerken wir vor Allem, daß die Stromstärke, gemessen am Ausschlag der Magnetnadel, an allen Stellen des Stromkreises dieselbe ist. Nun zeigt aber die Erfahrung, daß, wenn an irgend einer Stelle der Schließungsdraht sich verengt, die Temperatur dort im umgekehrten Verhältnisse des Quadrates des Querschnittes zunimmt. Beträgt z. B. der Querschnitt eines homogenen Schließungsdrahtes an einer Stelle die Hälfte von der an einer anderen, so ist dort die Temperatur viermal höher. Ebenso ist das electrische Licht in luftverdünnten Röhren an den engeren Stellen weitaus intensiver als an den weiteren.

Wenn nun der Strom in Oscillationen der Aethertheilchen bestände, so wäre nicht abzusehen, warum bei einer Verengung des Schließungsdrahtes die Temperatur sich erhöhen sollte; denn wenn z. B. das Licht, welches auf Oscillationen des Aethers beruht, sich von einer weiteren Stelle einer Glasröhre in eine Verengung fortpflanzt, so wird es darum nicht heller. Stellt man sich aber vor, der electrische Strom sei ein wirklicher Aetherstrom, so läßt sich die vorhin erwähnte Thatsache leicht erklären; ebenso wie ein gewöhnlicher Strom rascher fließt, wenn das Bett sich verengt, ebenso wird der Aetherstrom eine größere Geschwindigkeit annehmen, wenn der Draht dünner wird; dadurch aber entsteht eine heftigere Erschütterung der Moleküle des Drahtes und eine höhere Temperatur. Daß die Erhöhung der Temperatur dem Quadrate des Querschnitts proportional sein muß, wird Jeder erkennen, der mit den Elementen der Mathematik vertraut ist und zugleich bedenkt, daß der Widerstand bei dem galvanischen Strom nicht blos an der Oberfläche des Drahtes, sondern durch den ganzen Querschnitt hindurch, weil dort überall Moleküle vorhanden sind, stattfindet.

Es scheint demnach wahrscheinlich, daß der galvanische Strom ein wirklicher Strom ist. Die Meinung, als ob die Körpertheilchen selbst im Strömen begriffen seien, ist nicht annehmbar; es werden allerdings beim Ueberspringen von Funken auch Körpertheilchen mitgerissen und es kann im möglichst luftleeren Raum der Strom nicht übergehen, obwohl in demselben das Licht sich noch fortpflanzt; nichtsdestoweniger aber ist die Abnutzung der Conductoren selbst bei den stärksten Strömen so unbedeutend, daß man unmöglich den Strom als auf einer fortschreitenden Bewegung der Körpermoleküle beruhend erklären kann. Zudem hat man noch nicht gefunden, daß wenn der Schließungsdraht aus verschiedenen Metallen zusammengesetzt war, Theilchen des einen Metalls sich in erheblichem Maße im andern Metallstück vorgefunden haben.

Es scheint demnach die Meinung am meisten begründet zu sein, welche den electrischen Strom als einen Aetherstrom bezeichnet, der kräftig genug ist, um Körpertheilchen namentlich an den Enden der Poldrähte, wenn diese einander nicht direct berühren, so daß dort eine bedeutende Spannung entsteht, mit fortzureißen. Die Bewegung der Körpertheilchen geht stets vom positiven nach dem negativen Pole zu.

Auch die „electrische Endosmose“ zeigt eine solche Ueberführung von Körpertheilchen in der Richtung des positiven Stromes und zwar gewöhnlich an solchen Stellen, wo ein größerer Widerstand stattfindet, wenn z. B. in die Flüssigkeiten der Kette eine poröse Thonzelle eingesetzt, oder die die Flüssigkeit enthaltende Röhre verengt ist, so daß hier der Strom eine größere Geschwindigkeit erlangt. Der Strom ist sogar im Stande Flüssigkeismassen zu heben 2c. Hie und da werden freilich auch Bewegungen von Körpertheilchen dem Strom entgegen bemerkt: allein es ist wohl anzunehmen, daß hier durch Hinzutritt von Reibung an den Röhrenwänden ꝛc. die regelrechte Bewegung gehemmt oder gar in die entgegengesetzte umgewandelt wird, geradeso wie auch in gewöhnlichen Flüssen an manchen Stellen des Ufers wirbelnde Bewegungen entstehen, welche Fortführungen von im Wasser schwimmenden Theilchen nach einer Richtung bewirken, welche der des Stromes entgegengesetzt ist.

Stellt man eine Zinkplatte in angesäuertes Wasser, so zeigt dieselbe an ihrem aus der Flüssigkeit herausragenden Ende eine starke Spannung von negativer Electricität. Dasselbe findet bei einer Kupferplatte statt, nur daß die Spannung geringer ist. Das Zink wird leichter von der Säure angegriffen als das Kupfer; die Aetherhüllen der Zink- und Flüssigkeitsmoleküle sind mehr von einander verschieden als die des Kupfers und der Flüssigkeit: daher denn auch eine heftigere Einwirkung von Seiten der Aetherhüllen der Zink- und Flüssigkeitstheilchen auf einander und eine stärkere electrische Spannung am Ende des Zinkstücks entsteht. In beiden Fällen will also ein Strom entstehen, welcher von dem Metall nach der Flüssigkeit geht; es wird offenbar durch die Agitation der Aetherhüllen gegen einander ein Theil des Aethers in der Richtung nach der Flüssigkeit hin fortgeschleudert, so daß dort ein Ueberschuß und an dem aus der Flüssigkeit herausragenden Ende des Metalls ein Mangel an Aether entsteht. Stellt man nun eine Zink- und eine Kupferplatte gleichzeitig in angesäuertes Wasser, so bewegen sich zwei Aetherströme gegen einander: der Strom vom Zink zur Flüssigkeit ist aber kräftiger als der vom Kupfer nach der Flüssigkeit; hieraus resultirt denn ein Strom, welcher vom Zink durch die Flüssigkeit nach dem Kupfer geht, mit einer Stärke, welche der Differenz der Stärken der beiden ursprünglichen Ströme entspricht. Am Kupfer zeigt sich nun eine positive und am Zink eine negative Spannung, welche aber kleiner ist als die, welche das Zink für sich allein in der Flüssigkeit annehmen würde.

Ein wirklicher Strom kann aber erst erfolgen, wenn das Zink- und Kupferende durch einen guten Leiter (Schließungsdraht aus Kupfer) verbunden werden. Der Strom bewegt sich jetzt längs des Schließungsdrahtes in der Richtung vom Kupfer zum Zink und im Innern der Flüssigkeit vom Zink zum Kupfer: der Ueberschuß von Aether am Kupferende gleicht den Mangel am Zinkende aus; durch die fortdauernde Einwirkung der Aetherhüllen der Metall- und Flüssigkeitsmoleküle wird aber von Neuem ein Aetherstrom erzeugt.

Sobald der Strom in Gang gekommen ist und der Einwirkung der Aetherhüllen auf einander kein Hinderniß mehr im Wege steht, erfolgt eine wirkliche chemische Zersetzung (nach der früher erklärten Weise, wie überhaupt chemische Zersetzungen entstehen), während bei ungeschlossener Kette es mindestens zweifelhaft ist, ob die Einwirkung so stark ist, daß mehr als eine physikalische Veränderung eintritt.

Wenn überhaupt verschiedene Körper einander berühren, so muß eine Einwirkung der Aetherhüllen, welche die benachbarten Moleküle umgeben, stattfinden: es ist aber nicht nöthig, daß geradezu eine chemische Veränderung eintritt: es kann auch eine bloße physikalische Umwandlung erfolgen. Besprengt man z. B. Stärke mit sehr verdünnter Säure und erhitzt bis 80° C., so geht die Stärke in einen isomeren Körper, das Dextrin über: die Stärke erleidet lediglich eine physikalische Veränderung, die Theilchen der Stärke werden aufgelockert (das Dextrin ist leichter in Wasser löslich als die Stärke), wobei auch wohl ein Theil des Aethers in Bewegung kommt und die Körperatome erschüttert. Es scheint deswegen keineswegs undenkbar, daß der Volta'sche Fundamentalversuch (Electricitätserregung durch Berührung verschiedener trockener Metallplatten) auch ohne chemische Zersetzung (mit Zuhilfenahme von Feuchtigkeitsschichten auf der Oberfläche der Metallplatten) sich erklären läßt.

Bei den Thermoströmen, welche wir früher schon einmal erwähnt haben, entstehen auch Ströme durch bloße Berührung und ohne chemische Zersetzung.

Wenn ein Antimon- und ein Wismuthstück an den beiden Enden verlöthet werden, so daß sie ein geschlossenes Viereck bilden, so entsteht durch die Berührung der Metalle an jeder der Löthstellen ein Strom; dieselben haben aber, wenn durchweg dieselbe Temperatur herrscht, entgegengesetzte Richtung und heben somit einander auf. Wird aber die eine Löthstelle erhitzt, so wird offenbar das eine Metall stärker in seiner inneren Constitution verändert, als das andere, so daß jetzt die einander berührenden Aetherhüllen kräftiger auf einander einwirken: es bildet sich nunmehr an der erhitzten Löthstelle ein stärkerer Strom als an der anderen, so daß der erstere den letzteren überwiegt und deutlich bemerkbar hervortritt.

Bei der Erzeugung des Thermostromes wird Wärme verbraucht und zwar in einer Menge, welche der electromotorischen Kraft proportional ist.

Bei den hydroelectrischen Strömen (mit lediglich primärer Wirkung) wird durch die chemische Zersetzung, nach dem was wir früher bei Besprechung der chemischen Actionen gesagt, potentielle Energie eingebüßt; diese verwandelt sich in kinetische Energie des Aethers, welche während des Stromlaufs durch Erschütterung der Körpermoleküle theilweise in Wärme übergeht; wird der Strom unterbrochen, so wird der Aetherstrom gehemmt und es entsteht dadurch eine neue Menge Wärme, so daß sich schließlich sämmtliche durch die chemischen Processe erzeugte kinetische Energie in calorische verwandelt hat.

Vergleicht man den electrischen Strom mit einem gewöhnlichen, so bedeutet der Unterschied der Spannungen an den beiden Polplatten den Niveauunterschied zwischen dem Anfangs- und Endpunkt des Stromes und man könnte annehmen, als ob die electromotorische Kraft den Aetherstrom, nachdem er am unteren Niveau angekommen, wieder auf das obere Niveau heraufheben würde.

Man kann übrigens auch den galvanischen Strom mit einer Dampfmaschine vergleichen. Hier ist die von der Maschine geleistete Arbeit dem Unterschied der Temperaturen im Kessel und im Condensator proportional; dort (beim galvanischen Strom) ist die Arbeit dem Unterschied der Spannungen an den beiden Polplatten, resp. der electromotorischen Kraft proportional.

Wegen des nach dem Niveauunterschied sich richtenden Stromgefälles sollte man glauben, die Geschwindigkeit des Stromes müßte immerfort zunehmen; allein durch den Widerstand, welchen die Körpermoleküle innerhalb des ganzen Querschnitts der vom Aetherstrom durchflossenen Leiter wird sehr rasch der Aetherstrom der Beschleunigung beraubt, und denkt man sich den Widerstand im ganzen Stromkreis bei constantem Querschnitt gleich groß, so würde die Geschwindigkeit gleichförmig werden.

Bestände der Schließungskreis durchweg aus demselben Material, stellt man sich z. B. vor, der Strom flösse auf seiner ganzen Erstreckung durch einen Kupferdraht, so wäre der specifische Widerstand überall derselbe; doch aber würde der Strom da, wo sich der Querschnitt verengt, verhältnißmäßig rascher fließen; dagegen bleibt die Masse des in einer bestimmten Zeit durch den Querschnitt fließenden Aethers an allen Stellen des Stromkreises (d. h. die Intensität des Stromes) constant.

Ist der Schließungskreis aus Leitern von verschiedenem Material zusammengesetzt, so wird die Geschwindigkeit des Stromes da am meisten vermindert, wo der größte specifische Widerstand stattfindet; dafür drängen sich aber hier die Aethermassen in demselben Verhältnisse mehr zusammen und es regelt sich der Strom derart, daß in gleichen Zeiten gleiche Mengen Aether die einzelnen Querschnitte durchfließen. Daher kommt es denn, daß die Magnetnadel an allen Stellen des Stromkreises denselben Ausschlag zeigt.

Aus dem Gesagten geht zugleich hervor, daß es unrichtig ist, wenn man von Geschwindigkeit der Electricität spricht und darunter eine constante Größe versteht; die Geschwindigkeit ist eine in hohem Maß wechselnde und es ist ja auch bekannt, daß man sehr verschiedene Werthe für die Geschwindigkeit der Electricität unter verschiedenen Umständen gefunden hat.

Noch bemerken wir, daß beim Schließen des Stromes eine plötzliche mit Schwankungen begleitete Abnahme der Spannungen (ähnlich wie beim Anlassen von gewöhnlichen Strömen in Röhrenleitungen) entsteht und daß beim Oeffnen ein Rückstoß erfolgt, welcher wieder eine mit Schwankungen verbundene Zunahme, resp. Wiederherstellung der ursprünglichen Spannungen bewirkt. Diese plötzliche Abnahme, resp. Wiederzunahme der Spannungen erzeugt, wie wir hier nur kurz andeuten wollen, in benachbarten Leitern die Inductionsströme, welche eben nur so lange wie diese Schwankungen selbst andauern.

5. Die Arbeiten des galvanischen Stromes.

Der galvanische Strom kann sehr verschiedene Arbeiten verrichten, er kann Wärme erzeugen, chemische Zersetzungen bewirken, mechanische Arbeiten leisten, Inductionsströme (bei öfterem Schließen und Oeffnen) hervorbringen 2c.

Wird ein Stromkreis durch einen Draht geschlossen und ist in denselben kein Apparat, in welchem Arbeit verrichtet wird, eingeschaltet, so zeigt sich, wenn der Strom geöffnet wird, eine bestimmte Wärmemenge und ein Quantum chemischer Zersetzung. Diese beiden müssen einander äquivalent sein: es zeigt sich so viel Wärme, als durch die chemischen Processe auch ohne Strombildung entstehen kann.

Ebenso wie durch chemische Zersetzungen galvanische Ströme hervorgerufen werden, ebenso können auch galvanische Ströme chemische Zersetzungen bewirken. Wird z. B. in den Stromkreis ein Wasserzersetzungsapparat (Voltameter) eingeschaltet, so wird durch die chemische Zersetzung Wärme verzehrt: zugleich verliert der Stromkreis (mit Ausnahme des Voltameters) so viel an Wärme, als im Voltameter durch den Widerstand desselben erzeugt wird. Nun ist aber noch zu berücksichtigen, daß sich Gasblasen an die Platinblättchen im Voltameter ansetzen und einen dem ursprünglichen entgegengesetzten, den sogen. Polarisationsstrom erzeugen. Durch die Wiedervereinigung dieser Gasblasen zu Wasser entsteht im Voltameter Wärme: dagegen aber wirkt der Polarisationsstrom dem ursprünglichen Strom entgegen, schwächt denselben und verursacht in dem Stromkreis eine ebenso starke Abnahme an Wärme, als durch die chemische Wiedervereinigung der Gase im Voltameter hervorgerufen wird. Die Gesammtwärmemenge im Schließungskreis wird also hierdurch nicht alterirt: es findet nur eine Zunahme an Wärme im Voltameter und eine ebenso große Abnahme im übrigen Stromkreis statt.

Wenn in einen Stromkreis ein Electromotor eingeschaltet ist, der aber gehindert wird sich zu bewegen, so entsteht für jedes Gramm Zink, welches in der Kette verzehrt wird, dieselbe Wärmemenge, als wenn der Electromotor nicht eingeschaltet ist; es wird eben keine Arbeit geleistet und somit keine Wärme verzehrt. (Selbstverständlich nimmt ein Stromkreis, in welchen ein solcher Electromotor eingeschaltet wird, um so viel an Wärme ab, als sich im Electromotor, durch den Widerstand, welchen derselbe leistet, entwickelt).

Läßt man nun den Electromotor sich bewegen und nach der Reihe verschiedene Gewichte heben, so entspricht der jedesmalige Wärmeverlust im Stromkreis der geleisteten Arbeit.

Wird der Electromotor gewaltsam in einer Richtung umgedreht, welcher derjenigen entgegengesetzt ist, in welcher ihn der Strom umdrehen würde, so erhöht sich die Wärme im Stromkreis; die auf das Umdrehen des Electromotors verwandte Arbeit geht in Wärme über.

Wenn ein galvanischer Strom durch einen langen gerade ausgestreckten Draht läuft, so wird in ihm eine gewisse Wärmemenge erzeugt. Spannt man neben demselben einen andern Draht aus, dessen Enden mit einem Galvanometer in Verbindung stehen, so wird in dem Moment, wo der Strom geschlossen wird, in dem zweiten Draht auch ein Strom (Inductionsstrom) von sehr kurzer Dauer, wie an der Galvanometernadel sichtbar ist, erregt; dieser Strom ist dem ursprünglichen, in dem ersten Draht laufenden entgegengesetzt gerichtet. Bei genauerer Untersuchung aber findet man, daß der Inductionsstrom trotz der Kürze seiner Dauer in seiner Richtung hin- und herschwankt. Wir haben schon darauf hingedeutet, daß wenn Wasser in einer Röhrenleitung unter einem gewissen Druck steht und die Leitung geöffnet wird, der Druck plötzlich abnimmt, um wieder zu- und dann wieder abzunehmen, bis nach einer Reihe von immer kleiner werdenden Schwankungen sich ein bestimmter bleibender Druck an den einzelnen Stellen der Leitung hergestellt hat.

Stände diese Röhrenleitung durch eine elastische Membran mit einer andern in Verbindung, so würden in derselben während der Druckschwankungen in der ersteren ebenfalls Druckschwankungen und zwar gerade in entgegengesetzter Weise sich bemerklich machen müssen.

Aehnlich ist es, wenn ein galvanischer Strom in Gang gesetzt wird: es treten auch hier Schwankungen in der Spannung ein, welche in einem benachbarten Drahte, indem der Aether des ersten Drahtes auf den Aether der Luft einen wechselnden Druck ausübt und dieser sich auf den Aether im zweiten Draht überträgt, ebenfalls Druckschwankungen, resp. Zufluß und Abfluß von Aether hervorrufen. Sobald die Druckschwankungen in dem ersten Draht aufgehört haben, wird auch im zweiten sich Ruhe einstellen.

Wird der ursprüngliche Strom unterbrochen, so entsteht plötzlich eine starke Drucksteigerung, welche nach einigen Schwankungen in den ursprünglichen Gleichgewichtszustand übergehen. Diese Schwankungen bewirken in dem Aether des benachbarten Drahtes (durch Vermittelung des Aethers in der Luft) entgegengesetzte Schwankungen, welche einen Inductionsstrom bedingen, der eigentlich aus vielen hin- und herschwankenden Strömen besteht, der Hauptsache nach aber als Strom betrachtet werden kann, der dem ursprünglichen gleichgerichtet ist.

Wird der Hauptstrom in Gang gesetzt oder unterbrochen, so verrichtet er jedesmal eine Arbeit, er erzeugt Inductionsströme in einem benachbarten Drahte: folglich kann die Wärme, welche in dem ersten Draht durch den Strom erzeugt wird, nicht so groß sein, als wenn der zweite Draht nicht in der Nähe wäre. Untersucht man aber die Wärme, welche in dem zweiten Draht durch die Inductionsströme erzeugt wird, so beträgt dieselbe genau so viel als die im ersten Draht verloren gegangene.

Läßt man einen Strom durch einen sehr langen, gerade ausgestreckten Draht gehen, so wird in einer bestimmten Zeit eine bestimmte Wärmemenge erzeugt. Windet man den Draht zu einer Rolle auf, so wird in derselben Zeit wohl dieselbe Wärmemenge in ihm entstehen, aber der Vorgang ist ein etwas anderer. Beim Ingangsetzen des Stromes entsteht, indem die Windungen auf einander inducirend einwirken, in dem Draht selbst ein dem ursprünglichen Strom entgegengesetzt gerichteter Inductionsstrom; hierdurch wird Wärme verbraucht; beim Unterbrechen des Stromes aber entsteht ein dem Hauptstrom gleich gerichteter Inductionsstrom und durch diesen wird ebensoviel Wärme wieder erzeugt, als durch den ersten verloren gegangen ist.

Welche Verhältnisse eintreten, wenn in der Rolle ein Eisenkern steckt, wird nach dem Gesagten leicht zu begreifen sein: das Eisen wird heiß und magnetisch; und es ist klar, daß im Stromkreis so viel an Wärme verloren geht, als im Eisen Wärme erzeugt wird und nach dem Oeffnen des Stromes Magnetismus in ihm zurückbleibt.

Erhitzt man einen Magneten, bis er seinen Magnetismus gänzlich verloren hat, so beträgt die aufgewandte Wärme gerade so viel als diejenige, welche der Strom verloren hat, um den Magnetismus zu erzeugen.

Bekanntlich werden in einer Kupferscheibe galvanische Ströme erzeugt, wenn sie zwischen den Polen eines Magneten gedreht wird; dabei kostet es mehr Anstrengung, um die Scheibe in Drehung zu erhalten, als wenn kein Magnet in der Nähe ist; unter dem Einfluß des Magnetismus setzt sich die mechanische Arbeit des Drehens in Electricität und weiter in Wärme um; die Scheibe wird sehr heiß. Versetzt man einen hohlen mit einem leichtflüssigen Metallgemisch gefüllten Metallcylinder zwischen den Polen eines starken Electromagneten in drehende Bewegung, so spürt man eine bedeutende Hemmung und der Cylinder wird so heiß, daß das Metallgemisch schmilzt.

Wir könnten die Zahl der Beispiele, welche die Umwandlungen der Electricität beweisen und zugleich das Gesetz von der Erhaltung der Energie außer Zweifel setzen, noch bedeutend vermehren: nach dem Gesagten wird es aber keine Schwierigkeit mehr haben, in jedem einzelnen Fall sich die Vorgänge hinreichend klar zu machen.

XI. Schlußwort: Die Zerstreuung der Energie.

In dem chemischen Lehrsaal der Universität Leipzig hat der berühmte Chemiker Kolbe den Sitzen der Zuhörer gegenüber die Inschrift anbringen lassen:

„Gott hat Alles nach Maß und Zahl geordnet".

Alle chemischen Verbindungen und Zersetzungen gehen nach bestimmten Gewichtsverhältnissen vor sich: alle Veränderungen in der Natur beruhen auf der Umsetzung verschiedenartiger Bewegungen in einander, wobei stets ein bestimmtes Quantum der einen Bewegungsart ein bestimmtes Quantum der andern erzeugt.

Es ist zwar bis jetzt noch nicht gelungen die Aequivalente aller Bewegungsarten aufzufinden: man hat vorläufig nur das mechanische Aequivalent der Wärme festzustellen vermocht: jede Bewegung, jede Energie aber hat sicher ihren „Werth" und muß sich nach Maß und Zahl in jeder andern ausdrücken lassen.

In dem Universum gehen ununterbrochen zahlreiche Veränderungen (Energieverwandlungen) nach unveränderlichen Maßen vor sich: jede ist die Folge einer früheren und die Ursache einer folgenden:

„Alles ist Frucht und Alles ist Samen".

Da aber das Universum von Außen weder Energie empfangen, noch nach Außen abgeben kann, so muß die Gesammtsumme aller Energien stets dieselbe bleiben:

„Die Energie des Weltalls ist constant".

Bei diesen Verwandlungen der Energien macht sich indessen ein Umstand bemerklich, der im höchsten Grad beachtenswerth ist: es scheint allmälig die Menge der potentiellen Energie zu- und die der actuellen abzunehmen, d. h. es scheint die Verschiedenheit an Quantität der Energie in den einzelnen Theilen des Universums sich immer mehr zu vermindern, so daß schließlich eine Art Gleichgewichtszustand eintreten dürfte. Eine Aenderung in dem Zustand der Körper kann nur herbeigeführt werden, wenn Körper zusammentreffen, welche in Hinsicht auf irgend eine Art von Energie verschieden sind. Ist völlige Gleichheit eingetreten, so hört der dynamische Zustand auf und es tritt der statische (Gleichgewichtszustand) durchweg ein; der „Stoß" hat sich in „Druck" verwandelt und die actuelle Energie in potentielle.

Es könnte allerdings scheinen, als ob vielleicht durch Umkehrung der Processe sich der frühere Zustand immer wieder herstellen könnte. Solche Umkehrungen werden auch wohl vielfach in der Natur stattfinden; es kann an einem Ort durch electrische Bewegung Wärme entstehen und an einem andern durch diese Wärme wieder ein galvanischer Strom hervorgerufen werden; chemische Actionen können Licht, Wärme und Electricität und diese wieder unter andern Umständen und vielleicht an ganz andern Orten Wärme und

Licht erzeugen: immer aber beobachtet man, daß bei der Uebertragung einer Bewegung von einem Körper auf einen andern ein Theil der Energie als Wärme auf die Umgebung sich zerstreut: äußere und innere Reibung lassen einen vollkommenen und umkehrbaren Proceß nicht zu Stande kommen. Nimmt man noch hinzu, daß naturgemäß die Körper, welche in irgend einer Hinsicht an Energie verschieden sind, so lange auf einander einwirken und einwirken müssen, bis Gleichheit eingetreten ist, (heiße und kalte, electrische und unelectrische Körper gleichen ihren Zustand gegen einander aus), so wird man nicht zweifeln, daß schließlich ein allgemeiner Gleichgewichtszustand eintreten muß.

Wie viel Jahrtausende dieß erfordern wird, ist freilich nicht vorauszusehen. In unserem Planetensystem z. B. ist die Sonne noch eine so mächtige Quelle der Energie, daß an eine Erschöpfung vorab nicht gedacht werden kann. Noch verrichtet die Sonne fast alle Arbeiten: sie verdunstet das Wasser der Seen und Flüsse und dieses, von der Höhe herabstürzend, liefert einen Theil der auf die Verdunstung verwandten Arbeit beim Anprall gegen den Boden wieder als Wärme ab: das Wasser behält aber noch einen Theil seiner kinetischen Energie und treibt unsere Mühlen, bis die restirende lebendige Kraft sich durch Reibung vollständig in Wärme zurückverwandelt hat. Die Sonne treibt auch unsere Dampfmaschinen: durch die Zersetzung der Kohlensäure in Kohlenstoff und Sauerstoff (abgesehen von sonstigen chemischen Wirkungen) speichert sich in den Pflanzen eine Menge Kohlenstoff an, der beim Verbrennen wieder eine entsprechende Wärmemenge liefern kann: nicht mit Unrecht hat man die Steinkohlenlager verdichtete Sonnenwärme, resp. Sonnenlicht genannt. Der bei der Zersetzung der Kohlensäure durch das Sonnenlicht entstandene Sauerstoff bringt wieder in dem thierischen Körper Verbrennungserscheinungen und die Körperwärme hervor, die also gewissermaßen auch als Sonnenwärme bezeichnet werden kann. Eine sichtliche Abnahme der Sonnenwärme hat aber trotzdem innerhalb der historischen Zeit nicht stattgefunden. Die Naturforscher haben sich nun vielfach bemüht den Grund dafür aufzufinden. Die Einen sind der Meinung, daß zahllose, immerfort auf die Sonne stürzende Meteore durch den heftigen Anprall die verlorene Wärme wieder ersetzten; Andere und namentlich die Neueren hegen die Ansicht, daß durch die abnehmende Wärme die inneren Bewegungen der Moleküle der Sonne und der Anprall derselben gegen einander geringer würde, weshalb der Druck des Aethers im Universum, verstärkt durch die ihm von der Sonne (in Folge der Wärmestrahlung) verliehene Energie im Stande sei eine Zusammendrückung des Sonnenkörpers zu bewirken, durch welche wieder eine bedeutende Wärmemenge entstehe. Schon eine außerordentlich geringe Zusammenziehung des Sonnenkörpers reicht hin, um eine gewaltige Wärmemenge zu erzeugen, weshalb man auch den Umstand, daß die allmälige Verkleinerung des Sonnenkörpers sich bis jetzt unserer Beobachtung entzogen hat, nicht als Einwand gegen diese Theorie geltend machen kann.

Doch lassen wir diese Hypothesen; die Naturwissenschaft ist noch weit davon entfernt, sich ein vollständiges Bild von der Verwandlung der Energien nach allen Richtungen hin, d. h. von dem Leben des Universums machen zu können; noch sind namentlich unsere Kenntnisse über die innere Constitution der Körper und die Bewegungen der kleinsten Theilchen zu gering, als daß wir die Verwandlungsprocesse bis ins Einzelne verfolgen könnten; ja es fragt sich, ob der menschliche Geist überhaupt jemals im Stande sein wird, in voller Klarheit den großen Gedanken der Schöpfung noch einmal nachzudenken.

www.ingramcontent.com/pod-product-compliance
Lightning Source LLC
LaVergne TN
LVHW092107300926
849161LV00002B/67